QINHEFENGYUN QINYUNHUAMU

沁河风韵系列丛书 主编|行 龙

沁韵花木

张婕 郝婧 上官铁梁|著

山西出版传媒集团 山西人民出版社

图书在版编目（CIP）数据

沁韵花木 / 张婕，郝婧，上官铁梁著. —太原：山西人民出版社，2016.7

（沁河风韵系列丛书 / 行龙主编）

ISBN 978-7-203-09473-9

Ⅰ. ①沁…　Ⅱ. ①张…　②郝…　③上…　Ⅲ. ①植物 - 介绍 - 山西省　Ⅳ. ①Q948.522.5

中国版本图书馆CIP数据核字（2016）第102474号

沁韵花木

丛书主编：行　龙
著　　者：张　婕　郝　婧　上官铁梁
责任编辑：张慧兵
装帧设计：子墨书坊

出 版 者：**山西出版传媒集团·山西人民出版社**
地　　址：太原市建设南路21号
邮　　编：030012
发行营销：0351-4922220　4955996　4956039　4922127（传真）
天猫官网：http://sxrmcbs.tmall.com　电话：0351-4922159
E-mail：sxskcb@163.com　发行部
sxskcb@126.com　总编室
网　　址：www.sxskcb.com

经 销 者：**山西出版传媒集团·山西人民出版社**
承 印 者：**山西臣功印刷包装有限公司**

开　　本：720mm×1010mm　1/16
印　　张：17.75
字　　数：350 千字
印　　数：1-1600 册
版　　次：2016 年 7 月　第 1 版
印　　次：2016 年 7 月　第 1 次印刷
书　　号：ISBN 978-7-203-09473-9
定　　价：140.00元

如有印装质量问题请与本社联系调换

风韵是那前代流传至今的风尚和韵致。

沁河是山西的一条母亲河。

沁河流域有其特有的风尚和韵致，

那悠久而深厚的历史文化传统至今依然风韵犹存。

这里是中华传统文明的孵化地，

这里是草原文化与中原文化交流的过渡带，

这里有闻名于世的北方城堡，

这里有相当丰厚的煤铁资源，

这里有山水环绕的地理环境，

这里更有那独特而深厚的历史文化风貌。

由此，我们组成“沁河风韵”学术工作坊，

由此，我们从校园和图书馆走向田野与社会，

走向风光无限、风韵犹存的沁河流域。

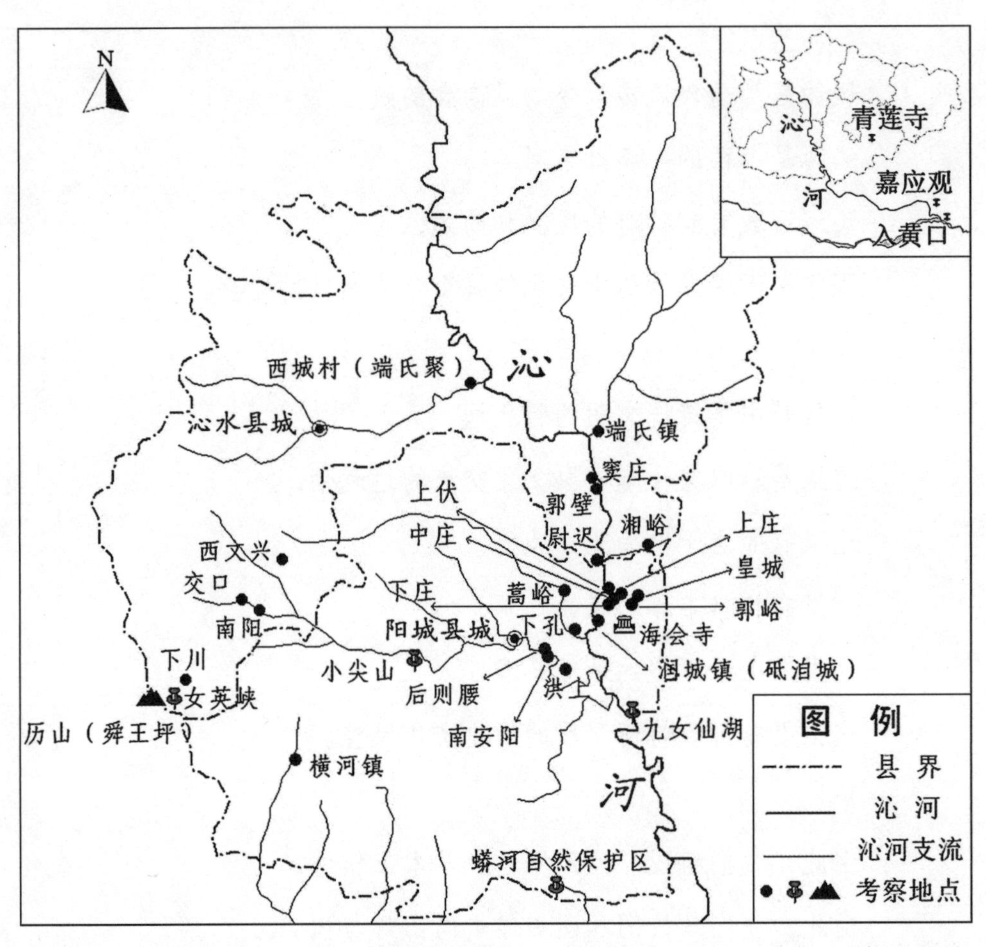

"沁河风韵学术工作坊"集体考察地点一览图（山西大学中国社会史研究中心　李嘎绘制）

三晋文化传承与保护协同创新中心

沁河風韵 学术工作坊

一个多学科融合的平台
一个众教授聚首的场域

第一场

鸣锣开张：

走向沁河流域

主讲人：行龙

中国社会史研究中心 教授

时间：2014年6月20日晚7：30
地点：山西大学中国社会史研究中心（鉴知楼）

“沁河风韵学术工作坊”海报

田野考察

会议讨论

总 序

行 龙

“沁河风韵”系列丛书就要付梓了。我作为这套丛书的作者之一，同时作为这个团队的一分子，乐意受诸位作者之托写下一点感想，权且充序，既就教于作者诸位，也就教于读者大众。

“沁河风韵”是一套31本的系列丛书，又是一个学术团队的集体成果。31本著作，一律聚焦沁河流域，涉及历史、文化、政治、经济、生态、旅游、城镇、教育、灾害、民俗、考古、方言、艺术、体育等多方面，林林总总，蔚为大观。可以说，这是迄今有关沁河流域学术研究最具规模的成果展现，也是一次集中多学科专家学者比肩而事、“协同创新”的具体实践。

说到“协同创新”，是要费一点笔墨的。带有学究式的“协同创新”概念大意是这样：协同创新是创新资源和要素的有效汇聚，通过突破创新主体间的壁垒，充分释放彼此间人才、信息、技术等创新活力而实现深度合作。用我的话来说，就是大家集中精力干一件事情。教育部2011年《高等学校创新能力提升计划》（简称“2011计划”）提出，要探索适应于不同需求的协同创新模式，营造有利于协同创新的环境和氛围。具体做法上又提出“四个面向”：面向科学前沿、面向文化传承、面向行业产业、面向区域发展。

在这样一个背景之下，2014年春天，山西大学成立了“八大协同创新中心”，其中一个是由我主持的“三晋文化传承与保护协同创新中心”。在2013年11月山西大学与晋城市人民政府签署战略合作协议的基础上，在征求校内外多位专家学者意见的基础上，我们提出了集中校内外多学科同人对沁河流域进行集体考察研究的计划，“沁河风韵学术工作坊”由此诞生。

风韵是那前代流传至今的风尚和韵致。词有流风余韵，风韵犹存。

沁河是山西境内仅次于汾河的第二条大河，也是山西的一条母亲河。沁河流域有其特有的风尚和韵致：这里是中华传统文明的孵化器；这里是草原文化与中原文化交流的过渡带；这里有闻名于世的“北方城堡”；这里有相当丰厚的煤铁资源；这里有山水环绕的地理环境；这里更有那独特而丰厚的历史文化风貌。

横穿山西中部盆地的汾河流域以晋商大院那样的符号已为世人所熟识，太行山间的沁河流域却似乎是“养在深闺人不识”。与时俱进，与日俱新，沁河流域在滚滚前行的社会大潮中也在波涛翻涌。由此，我们注目沁河流域，我们走向沁河流域。

以“学术工作坊”的形式对沁河流域进行考察和研究，是由我自以为是、擅作主张提出来的。2014年6月20日，一个周五的晚上，我在中国社会史研究中心学术报告厅作了题为“鸣锣开张：走向沁河流域”的报告。在事先张贴的海报上，我特意提醒在左上角印上两行小字“一个多学科融合的平台，一个众教授聚首的场域”，其实就是工作坊的运行模式。

“工作坊”（workshop）是一个来自西方的概念，用中国话来讲就是我们传统上的“手工业作坊”。一个多人参与的场域和过程，大家在这个场域和过程中互相对话沟通，共同思考，调查分析，也就是众人的集体研究。工作坊最可借鉴的是三个依次递进的操作模式：首先是共同分享基本资料。通过这样一个分享，大家有了共同的话题和话语可供讨论，进而凝聚共识；其次是小组提案设计。就是分专题进行讨论，参与者和专业工作者互相交流意见；最后是全体表达意见。就是大家一起讨论即将发表的成果，将个体和小组的意见提交到更大的平台上进行交流。在6月20日的报告中，“学术工作坊”的操作模式得到与会诸位学者的首肯，同时我简单介绍了为什么是“沁河流域”，为什么是沁河流域中游沁水—阳城段，沁水—阳城段有什么特征等问题，既是一个“抛砖引玉”，又是一个“鸣锣开张”。

在集体走进沁河流域之前，我们特别强调做足案头工作，就是希望大家首先从文献中了解和认识沁河流域，结合自己的专业特长初步确定选题，以便在下一步的田野工作中尽量做到有的放矢。为此，我们专门请校图书馆的同志将馆藏有关沁河流域的文献集中在一个小区域，意在大家“共同分享基本资料”，诸位开始埋头找文献、读资料，校图书馆和各院系及研究所的资料室里，出现了工作坊同人伏案苦读和沉思的身影。我们还特意邀请对沁河流域素有研究的资深专家、文学院沁水籍教授田同旭作了题为“沁水古村落漫谈”的学术报告；邀请中国社会史研究中心阳城籍教授张俊峰作了题为“阳城古村落历史文化刍议”的报告。经过这样一个40天左右“兵马未动，粮草先行”的过程，诸位都有了一种“才下眉头，又上心头”的感觉。

2014年7月29日，正值学校放暑假的时机，也是酷暑已经来临的时节，山西大学“沁河风韵学术工作坊”一行30多人开赴晋城市，下午在参加晋城市主持的简短的学术考察活动启动仪式后，又马不停蹄地赶赴沁水县，开始了为期10余天的集体田野考察活动。

“赤日炎炎似火烧，野田禾稻半枯焦。”虽是酷暑难耐的伏天，但“沁河风韵学术工作坊”的同人还是带着如火的热情走进了沁河流域。脑子里装满了沁河流域的有关信息，迈着大步行走在风光无限的沁河流域，图书馆文献中的文字被田野考察的实情实景顿时激活，大家普遍感到这次集体田野考察的重要和必要。从沁河流域的“北方城堡”窦庄、郭壁、湘峪、皇城、郭峪、砥洎城，到富有沁河流域区域特色的普通村庄下川、南阳、尉迟、三庄、下孔、洪上、后则腰；从沁水县城、阳城县城、古侯国国都端氏城，到山水秀丽的历山风景区、人才辈出的海会寺、香火缭绕的小尖山、气势壮阔的沁河入黄处；从舜帝庙、成汤庙、关帝庙、真武庙、河神庙，到土窑洞、石屋、四合院、十三院；从植桑、养蚕、缫丝、抄纸、制铁，到习俗、传说、方言、生态、旅游、壁画、建筑、武备；沁河流域的城镇乡村，桩桩件件，几乎都成为工作坊的同人们入眼入心、切磋讨论的对象。大家忘记了炎热，忘记了疲劳，忘记了口渴，忘记了腿酸，看到的只是沁河流域的历史与现实，想到的只是沁河流域的文献与田野。我真的被大家的工作热情所感染，60多岁的张明远、上官铁梁教授一点不让年轻人，他们一天也没有掉队；沁水县沁河文化研究会的王扎根老先生，不顾年老腿疾，一路为大家讲解，一次也没有落下；女同志们各个被伏天的热火烤脱了一层皮；年轻一点的小伙子们则争着帮同伴拎东西；摄影师麻林森和戴师傅在每次考察结束时总会“姗姗来迟”，因为他们不仅有拍不完的实景，还要拖着重重的器材！多少同人吃上“藿香正气胶囊”也难逃中暑，我也不幸“中招”，最严重的是8月5日晚宿横河镇，次日起床后竟然嗓子痛得说不出话来。

何止是“日出而作，日入而息”，不停地奔走，不停地转换驻地，夜间大家仍然在进行着小组讨论和交流，似乎是生怕白天的考察收获被炙热的夏夜掠走。8月6日、7日两个晚上，从7点30分到10点多，我们又集中进行了两次带有田野考察总结性质的学术讨论会。

8月8日，满载着田野考察的收获和喜悦，“沁河风韵学术工作坊”的同人们一起回到山西大学。

10余天的田野考察既是一次集中的亲身体验，又是小组交流和“小组提案设计”的过程。为了及时推进工作进度，在山西大学新学期到来之际，8月24日，我们召开了“沁河风韵学术工作坊”选题讨论会，各位同人从不同角度对各选题进行了讨论交流，深化了对相关问题的认识，细化了具体的研究计划。我在讨论会上还就丛书的成书体例和整体风格谈了自己的想法，诸位心领神会，更加心中有数。

与此同时，相关的学术报告和分散的田野工作仍在持续进行着。为了弥补集体考察时因天气原因未能到达沁河源头的缺憾，长期关注沁河上游生态环境的上官铁梁教授及其小组专门为大家作了一场题为“沁河源头话沧桑”的学术报告。自8月27日到9月18日，我们又特意邀请三位曾被聘任为山西大学特聘教授的地方专家就沁河流域的历史文化作报告：阳城县地方志办公室主任王家胜讲“沁河流域阳城段的文化密码”；沁水县沁河文化研究会副会长王扎根讲“沁河文化研究会对沁水古村落的调查研究”；晋城市文联副主席谢红俭讲“沁河古堡和沁河文化探讨”。三位地方专家对沁河流域历史文化作了如数家珍般的讲解，他们对生于斯、长于斯、情系于斯的沁河流域的心灵体认，进一步拓宽了各选题的研究视野，同时也加深了相互之间的学术交流。

这个阶段的田野工作仍然在持续进行着，只不过由集体的考察转换为小组的或个人的考察。上官铁梁先生带领其团队先后七次对沁河流域的生态环境进行了系统考察；美术学院张明远教授带领其小组两赴沁河流域，对十座以上的庙宇壁画进行了细致考察；体育学院李金龙教授两次带领其小组到晋城市体育局、武术协会、老年体协、门球协会等单位和古城堡实地走访；政治与公共管理学院董江爱教授带领其小组到郭峪和皇城进行深度访谈；文学院卫才华教授三次带领多位学生赶去参加“太行书会”曲艺邀请赛，观看演出，实地采访鼓书艺人；历史文化学院周亚博士两次到晋城市图书馆、档案馆、博物馆搜集有关蚕桑业的资料；考古专业的年轻博士刘辉带领学生走进后则腰、东关村、韩洪村等瓷窑遗址；中国社会史研究中心人类学博士郭永平三次实地考察沁河流域民间信仰；文学院民俗学博士郭俊红三次实地考察成汤信仰；文学院方言研究教授史秀菊第一次带领学生前往沁河流域，即进行了20天的方言调查，第二次干脆将端氏镇76岁的王小能请到山西大学，进行了连续10天的语音词汇核实和民间文化语料的采集；直到2015年的11月份，摄影师麻林森还在沁河流域进行着实地实景的拍摄，如此等等，循环往复，从沁河流域到山西大学，从田野考察到文献理解，工作坊的同人们各自辛勤劳作，乐在其中。正所谓“知之者不如好之者，好之者不如乐之者”。

2015年5月初，山西人民出版社的同志开始参与“沁河风韵系列丛书”的有关讨论会，工作坊陆续邀请有关作者报告自己的写作进度，一面进行着有关书稿的学术讨论，一面逐渐完善丛书的结构和体例，完成了工作坊第三阶段“全体表达意见”的规定程序。

“沁河风韵学术工作坊”是一个集多学科专家学者于一体的学术研究团队，也是一个多学科交流融合的学术平台。按照山西大学现有的学院与研究所（中心）计，成员遍布文学院、历史文化学院、政治与公共管理学院、教育学院、体育学院、美术学院、环境与资源学院、中国社会史研究中心、城乡发展研究院、体育研究所、方言研究所等十几个单位。按照学科来计，包括文学、史学、政治、管理、教育、体育、美术、生态、旅游、民俗、方言、摄影、考古等十多个学科。有同人如此议论说，这可能是山西大学有史以来最大规模的、真正的一次学科交流与融合，应当在山西大学的校史上写上一笔。以我对山大校史的有限研究而言，这话并未言过其实。值得提到的是，工作坊同人之间的互相交流，不仅使大家取长补短，而且使青年学者的学术水平得以提升，他们就“沁河风韵”发表了重要的研究成果，甚至以此申请到国家社科基金的项目。

“沁河风韵学术工作坊”是一次文献研究与田野考察相结合的学术实践，是图书馆和校园里的知识分子走向田野与社会的一次身心体验，也可以说是我们服务社会，服务民众，脚踏实地，乐此不疲的亲尝亲试。粗略统计，自2014年7月29日“集体考察”以来，工作坊集体或分课题组对沁河流域170多个田野点进行了考察，累计有2000余人次参加了田野考察。

沁河流域那特有的风尚和韵致，那悠久而深厚的历史文化传统吸引着我们。奔腾向前的社会洪流，如火如荼的现实生活在召唤着我们。中华民族绵长的文化根基并不在我们蜗居的城市，而在那广阔无垠的城镇乡村。知识分子首先应该是文化先觉的认识者和实践者，知识的种子和花朵只有回落大地才有可能生根发芽，绚丽多彩。这就是“沁河风韵学术工作坊”同人们的一个共识，也是我们经此实践发出的心灵呼声。

"沁河风韵系列丛书"是集体合作的成果。虽然各书具体署名，"文责自负"，也难说都能达到最初设计的"兼具学术性与通俗性"的写作要求，但有一点是共同的，那就是每位作者都为此付出了艰辛的劳作，每一本书的成稿都得到了诸多方面的帮助：晋城市人民政府、沁水县人民政府、阳城县人民政府给予本次合作高度重视；我们特意聘请的六位地方专家田澍中、谢红俭、王扎根、王家胜、姚剑、乔欣，特别是王扎根和王家胜同志在田野考察和资料搜集方面提供了不厌其烦的帮助；田澍中、谢红俭、王家胜三位专家的三本著述，为本丛书增色不少；难以数计的提供口述、接受采访、填写问卷，甚至嘘寒问暖的沁河流域的单位和普通民众付出的辛劳；田同旭教授的学术指导；张俊峰、吴斗庆同志组织协调的辛勤工作；成书过程中参考引用的各位著述作者的基本工作；山西人民出版社对本丛书出版工作的大力支持，都是我们深以为谢的。

写在前面

沁河流域在沧海桑田的地质历史变迁过程中，为生物多样性的产生、发展和进化创造了千变万化的生态环境，使之成为我国北方生物生态及其多样性关键地区。早在21世纪初我们课题组就涉足对沁河源头的植被生态学研究，2003年由我主持完成的《沁河源头生态功能保护区规划》，为该区域生态保护红线的确定提供了重要的科学依据，使山西省政府批准沁河源头为省级重要生态功能保护区成为可能。后来我和我的历届研究生在沁河源头进行着持续的生态学研究和探索，直至今日已建立了大样地生态定位研究站，为未来长期的持续性生态科学探秘打下了坚实的基础和建立了田野试验平台。

以往的工作一门心眼地致力于纯粹的自然生态学理，很少顾及学科社会性、文化性和实用性。有幸参加沁河风韵系列丛书的编著，期间接触到不同学科学者对沁河流域历史文化的熏陶和感染，通过开展大量的田野考察和学术研讨，激发了我们对沁河流域多年来生态关注的重新认识，并从新的视角加以审视，在感性和理性两方面得到升华，悠然产生了对沁河流域植物文化资源系统的开发激情和构想。

沁河流域的自然资源丰富多彩，自然资本底蕴深厚，从何入手开启新的科学之门，当然万变不能离开我们植物生态学的专业和田野试验的专长。首先想到的是学科的交叉和创新，抓住沁河流域植物多样性在构建和维系区域生态系统平衡中的关键作用，进而深入发掘植物文化和资源价值的内涵，深入浅出地行笔于花草树木的认知与文化之间，字里行间尽可能地为受阅者献上一种草木精神、植物文化和价值感受，这就是书名为什么叫《沁韵花木》的缘由。

本书中所选取的植物种类，主要考量它广泛的自然分布，特殊的生态作用，重要的应用价值，极高的造园观赏，人们的认知需求和对植物文化憧憬等要素。植物形态描述求简避繁，直击特征要点，每种植物的中文名称和拉丁学名都是依照《中国植物志》记载而定，有的还附上了商品和产品市场的商品名，另有一些则是根据不同地方民间的习惯称谓和作者田野调查从民间收集而拟定的别名。植物的生存环境，尽力与实际调查和照片拍摄的情况相一致，客观反映物种的生境特点，从实用方面告诉读者每种植物的经济用途和应用价值。值得注意的是对一些植物的植物文化论述，彰显出本书的特色，内容涉及生态文明、历史文化、史实辑录、故事传说、文化新撰等，而且每种植物照片都是作者亲自拍摄，通过图片和精心设计的元素让该书耳目一新，颇具美学欣赏价值。

在此，我们要真挚地向沁河风韵工作坊的组织者和同仁致以诚挚的感谢，是这个集体成就了本书的问世。同时要特别感谢参加沁河风韵系列丛书编写的所有老师们，你们的学术思想感染和具有建设性的言行启迪，为成稿创新的开炉增添了能量和汲取了营养。当然也离不开我们课题组每位成员的共同努力和亲密合作，本书才能够最终问世，大家可谓居功至伟。

本书得以顺利出版，还要归功于很多朋友、家人的协助与支持。在此感谢我的学子郭东罡博士、赵冰清、许驭丹、李帅等为完成本书所提供的帮助和支持。

在本书中收录了维管束植物289种，这只是沁河流域植物资源的六分之一，目的是为了使本书具有广泛的读者。书中内容仅反映了沁河流域植物文化的冰山一角，其作用在于开启这一领域的研究之门。因受本书的篇幅所限，有许多专业性较强的生物学、资源加工利用等内容没有足够的空间进行介绍和论述，一些药用植物和食用植物的资料考证和验证工作尚不精准，难免涉一漏百，加之植物物种鉴定、文字描述等方面，难免存在诸多疏漏和不足，欢迎本书读者及社会各界的朋友们批评指正。

作者：上官铁梁

2015年11月18日于山西大学

目　录

CONTENTS

一、流域概况

沁河是黄河三门峡到花园口河段上较大的一级支流，流经晋豫两省，河流从黄河中游左翼的太岳山发源（图 1），自北向南，流经沁源县、安泽县、沁水县、阳城县和泽州县，出山西省境界后，到达河南省的济源市、沁阳市和武陟县，最后在武陟县东的南贾村汇入黄河。全长485公里，流域面积13532平方公里。历史记载，沁河又名少水、涅水，《山海经》中称之沁水，“沁水出焉，南流注于河。曰谒戾之山，其上多松柏，有金玉。其东有林焉，名曰丹林。丹林之水出焉，南流注于河”。《汉书·理志》中记述：“羊头山世靡谷，沁水所出。”沁河流域有其独有的自然地理风貌、引人入胜的生态风韵和丰富多样的植物资源，为人类社会、经济建设、生态文明和文化繁荣提供了重要的产品资源和自然资本价值。

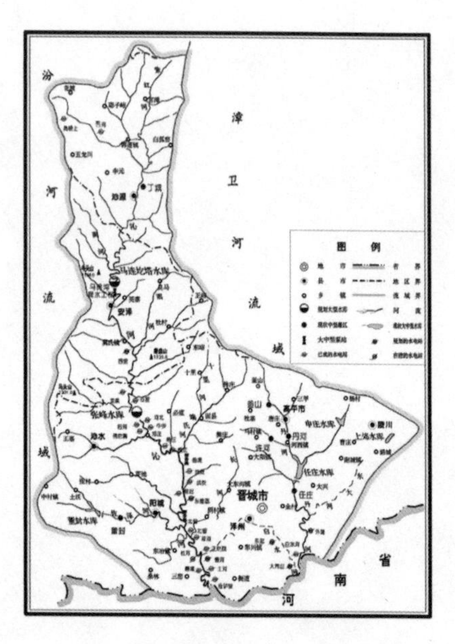

图1 山西省境内的沁河流域范围

图2 沁河源头全景

1. 地形地貌

沁河源头泉眼群集，集中分布于沁源县东北的二郎神沟，源头分水岭的最高海拔2453米，其次源头水源还包括沁源县西北的马家沟、第一川、柏子等泉溪涓流。沁河流域的轮廓犹如阔叶形状，地势北高南低，在山西境内的流域地貌大部分是山地，一般海拔高度1000米~2000米。沁河源头泉眼分布在石灰岩出露区，泉群密布，泉水奔涌，清凉甘甜。旧时诸泉齐涌，水溢山间，此间时断时流，水量大减（图3、图4）。沁河干流两翼山峰气势宏伟，山谷幽深静谧，时而开阔爽朗，时而峡谷一线，犹逢绝境，可谓人间仙境，为人称道。在河南省济源市的五龙口镇以北为太行山峡谷、大断层和山麓浅山复合地貌，向东流入沁阳市和武陟县为典型的平原地貌，海拔高度降至不足300米。在空中俯瞰沁河干流迂回蜿蜒，盘绕缠绵，晶莹碧透，穿越在崇山峻岭和黄土丘陵之间，镶嵌于山间盆地和中原大地之

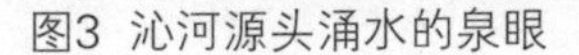
图3 沁河源头涌水的泉眼

图4 沁河源头干涸的泉眼

上，犹如一条纵贯太岳山和太行山的巨龙，奔腾千里，投怀于黄河之腹。

上述可见，沁河流域的地形地貌一应俱全，有山地、丘陵、山涧、峡谷、盆地和平原等，称得上是丰富多样，奇特多变（图5~10）。

图5 沁河第一湾

图6 穿越太行山峡谷

图7 沁河流域最大的水库——张峰水库

图8 沁水县张峰水库的开阔河岸

图9 沁河第一大支流丹河

图10 沁河与黄河汇流

2. 流域水系

沁河作为黄河的一级支流，是黄河流域在山西省境内具有重要地位的河流，从源头至入河口，沿线有众多支流。在山西省境内流域面积大于100平方公里的较大支流有26条，其中丹河最大，流域面积2931平方公里，干流长129公里；流域面积在250平方公里的支流有13条（表1）。

表1　沁河流域水系表（引自《山西河流》）

河流名称	地点	岸别	河长/公里	流域面积/平方公里
赤石桥河	河口	左	35.0	410
紫红河	河口	左	47.3	381
蔺河	河口	右	37.2	286
洒河	河口	左	25.9	265
兰河	河口	左	45.0	361
龙渠河	河口	左	52.6	469
沁水河	河口	右	47.0	416
端氏河	河口	左	56.0	781
芦苇河	河口	右	51.7	359
获泽河	河口	右	84.6	839
西冶河	河口	右	54.3	259
长河	河口	左	58.2	317
丹河	省境	左	129	2931

沁河在河南省济源市五龙口镇向东流入沁阳市，有安全河、逍遥河汇入，在武陟县最终归入黄河。

图11　沁河源头的泉水径流

沁河源头共有九处较大的泉眼，它们是位于王陶乡河底村南石崖下的河底泉，位于韩洪乡王家湾村西的卫华泉，位于官滩乡后沟村西龙王庙的龙王庙泉，位于郭道镇苏家庄村西的苏家庄泉，位于郭道镇龙门村的西村岑泉，位于聪子峪乡水峪村南的水峪泉，位于郭道镇秦家庄村西的金艮泉和位于灵空山镇西务村南的西务泉，均为灰岩构造泉（图11、图12），只有位于官滩乡活凤村东山沟的活凤泉为砂岩构造泉。

图12 沁河源头泉群出露区

3. 流域土壤

沁河流域土壤分布的垂直变化十分明显。从高海拔山地向低海拔的河谷到盆地，依次是山地草甸土，分布在海拔2200米以上的山地草甸灌丛带；淋溶褐土和棕壤主要分布在海拔1400米~2200米的寒温性针叶林带、针阔叶混交林带；山地褐土和褐土性土分布在海拔700米~1400米的落叶阔叶林、温性针叶林和低山丘陵区的灌丛、灌草丛带，这一地带也是沁河流域的农耕带，植被覆盖相对较差，水土流失较为严重，沁河的泥沙主要来源于这一地带；草甸土、沼泽土和冲积沙土分布在海拔较低的河流、库塘和河漫滩等地段，在沁河两岸呈带状分布，是湿地的主要土类。沁河流域的土壤一般呈中性偏碱，pH酸碱度7.5左右。

4. 气候条件

沁河流域整体属我国暖温带半湿润季风气候区的西部边缘，表现出明显的大陆性季风气候特点，即四季分明，春旱多风，夏短湿润，秋爽气高，冬长寒冷。夏季降雨集中，秋雨多于春雨，昼夜和年温差较大。流域气温北低南高，多年平均气温5℃~14℃，一月份平均气温-8~-4℃，七月份平均气温19℃~23℃；无霜期173天~220天，源头的无霜期仅有120天；

平均年降水量550毫米~750毫米之间，流域年降雨量南北差异明显，上中游平均年降雨量为617毫米，下游为600毫米~720毫米。年平均日照时数为2400小时~2700小时，全年日照率在50%~60%之间。灾害性天气主要是干旱、冰雹、霜冻和冰冻等。

5. 植物区系

沁河流域是山西省生物多样性十分丰富的地区，初步调查统计，有维管束植物122科642属1769种。其中，蕨类植物15科20属58种，裸子植物4科8属16种，被子植物103科614属1695种。在这些植物中含种、属数较多的是蔷薇科、菊科、禾本科、豆科、莎草科、十字花科、蓼科、石竹科、藜科等。

沁河流域的植物区系地理成分以温带分布性质为主。温带分布区类型的属、种占绝对优势，分别占维管束植物总属数的51.4%，总种数的57.3%，反映出本区种子植物的分布与该地区的气候因素相适宜。北温带成分在植物群落中的作用最为突出，是沁河流域植被中植物组成多样性的主体。其中森林植物区系中含属较少的杨柳科、松科、桦木科、壳斗科、槭树科、榆科等，是构成森林群落的建群种或优势种的主要科。

中国特有分布的植物种数占流域维管束植物总种数的39.8%，是沁河流域植物区系中种数最多的类型。沁河流域优势植被类型的建群种和优势种大多数由中国特有种构成，如华北落叶松、油松、黄刺玫、虎榛子、蚂蚱腿子、糙苏等。

6. 资源植物

沁河流域植物资源极为丰富，其中食用植物资源共有927种，其中淀粉类136种，蛋白类66种，食用油脂类61种，保健食品及饮料类58种，饲料类205种，野菜及蔬菜类180种，蜜源类221种；药用植物资源为647种，其中中草药类578种，农药类43种，有毒类26种；工业用植物资源387种，其中木材类91种，纤维类118种，鞣料类86种，芳香油类47种，工业油脂类25种，染料类20种；防护和改造环境植物资源为744种，其中水土保持类187种，绿化类276种，花卉类229种，抗污染类52种；植物种质资源共计18种。

7. 植被类型

沁河流域地处温带大陆性季风气候区，沟壑纵横，地形复杂，水热条件变化较大，因此植物群落复杂多样。根据《山西植被》的群落分类系统，沁河流域的植被有5个植被型组， 8个植被型，93个群系。分布面积广，资源价值大，生态作用明显和具有景观优势的群系主要有华北落叶松林、华山松林、油松林、白皮松林、侧柏林、辽东栎林、栓皮栎林、槲树林、槲栎林、橿子栎林、山茱萸林、黄刺玫灌丛、沙棘灌丛、连翘灌丛、荆条灌丛、黄栌灌丛、山桃灌丛、白刺花灌丛、土庄绣线菊灌丛、白羊草草丛、蒿类草丛、芦苇沼泽、香蒲沼泽、小香蒲沼泽、泽泻沼泽、藨草沼泽、水葱沼泽、蒲公英地榆杂类草草甸、薹草草甸、假苇拂子茅草甸和亚高山五花草甸等。

二、乔木植物

1. 针叶乔木

油松（松科Pinaceae 松属*Pinus*）（图13）

【别名】短叶松 短叶马尾松

【学名】*Pinus tabulaeformis* Carr.

【形态特征】常绿乔木。高可达45米，胸径可达1米以上。树皮灰褐色或褐灰色，裂成不规则较厚的鳞状块片。针叶2针一束，深绿色，粗硬。球果卵形或圆卵形，成熟前绿色，熟时淡黄色或淡褐黄色。种子卵圆形或长卵圆形。花期4~5月，球果第二年10月成熟。

【分布区】分布于沁河流域各县区。

【生境】生长于土层深厚、排水良好的酸性或中性土壤中。

【用途】可用于绿化或作景观树种，树干可割取树脂、提取松香及松节油，树皮可提取栲胶。

【植物文化】在沁河源头的太岳山国家森林公园境内，位于沁源县灵空山风景名胜区生长着一棵世界油松之王——“九杆旗”。1993年6月，山西省人民政府将“九杆旗 ”列为省级古稀珍贵树木，2005年获得上海世界吉尼斯总部颁发的“世界最大油松”世界吉尼斯纪录证书。

图13a 油松（九杆旗）

图13b 油松

图13c 油松

图13d 油松

“九杆旗”的主杆出土后分成三个次杆，各次杆再分枝，形成九个笔直的分枝。分枝彼此团抱簇拥，直插云霄，形似九面迎风招展的擎天旗帜，故称“九杆旗”。“九杆旗”的树龄在六百年以上，高45米，胸径1.5米，根部直径5米，树冠幅346 平方米，木材蓄积量48.6 立方米。它以庞大的树冠抚慰着大地，为树下草木挡风蔽日，仿佛像一位饱经历史沧桑的老人，不断记录着灵空山的空灵理奥。除此以外，与“九杆旗”同生相伴的油松古树不计其数，如被誉为争并穿云、互不相让的“二仙传道”，鹤立鸡群、独树一帜的“三大王”，风度潇洒、超然凝重的“一佛二菩萨”“一炉香”“泉水松”“招手松”等。它们的树龄均在五百年以上，灵空山因这些“油松大仙”的助阵而更加富有了灵性与活力。由此可见，沁河源头是名副其实世界油松之家，是我国油松种质资源的重要保护区。2013年12月25日，经国务院审定，建立为以保护油松为主的森林生态系统的国家级自然保护区。

华山松（松科Pinaceae 松属*Pinus*）（图14）

【别名】白松 青松

【学名】*Pinus armandii* Franch.

【形态特征】常绿乔木。高可达30米，胸径可达1米。幼树树皮灰绿色，老则呈灰色，裂成方形或长方形固着于树干上或脱落。针叶5针一束。雄球花黄色，卵状圆柱形。球果圆锥状长卵圆形。种子黄褐色或暗褐

图14a 华山松

图14b 华山松

色，倒卵圆形。花期4~5月，球果第二年9~10月成熟。

【分布区】分布于沁源县交口镇、安泽县和川镇、阳城县白桑乡等地。

【生境】生长于湿润的黄褐壤土或钙质土上。

【用途】冠形优美、姿态奇特，植于假山、流水旁则更富有诗情画意，树干可割取树脂，树皮可提取栲胶，针叶可提炼芳香油，种子可榨油供食用或工业用油。

【植物文化】华山松，顾名思义，因集中产于陕西的华山而得名。古往今来，华山松以傲霜斗雪、奋发向上的精神，与竹、梅并列，称为“岁寒三友”。此外，华山松还被赋予了坚韧、顽强、高风亮节的品格，这正是中华民族生生不息的精神写照。

青松在东园，众草没其姿。

严霜珍异类，卓然见高枝。

—— 东晋·陶渊明《饮酒二十首》

白皮松（松科Pinaceae 松属*Pinus*）（图15）

【别名】白骨松 三针松 蟠龙松

【学名】*Pinus bungeana* Zucc. ex Endl.

【形态特征】常绿乔木。高可达30米，胸径可达3米。幼树树皮光滑，灰绿色，老则树皮呈淡褐灰色，裂成不规则的鳞状块片脱落，脱落后露出粉白色的内皮。针叶3针一束。雄球花卵圆形或椭圆形，多数聚生于新枝基部成穗状。球果通常单生，成熟前淡绿色，熟时淡黄褐色，卵圆形或圆锥状卵圆形。种子灰褐色，近倒卵圆形，翅短，赤褐色。花期4~5月，球果第二年10~11月成熟。

【分布区】分布于沁源县中峪乡、沁水县郑庄镇、安泽县马壁乡等地。

【生境】多生长于钙质土上。

【用途】树姿优美，苍翠挺拔，树皮白色或褐白相间，极为美观，为优良的庭园树种；种子可食用。

【保护级别】山西省濒危植物；《中国物种红色名录》（2004）收录植物，易危 VU A2c。

【植物文化】北京北海公园有两棵白皮松，树冠高达30多米，据记载是金代种植，迄今已有八百多年，清代乾隆帝曾册封其为“白袍将军”。

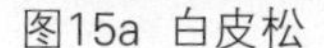

图15a 白皮松

图15b 白皮松

华北落叶松(松科 Pinaceae 落叶松属 *Larix*)(图16)

【别名】落叶松 雾灵落叶松

【学名】*Larix principis-rupprechtii* Mayr

【形态特征】落叶乔木。高可达30米，胸径可达1米。树皮不规则纵裂，枝平展，球果卵圆形。种子灰白色，具不规则的褐色斑纹，有长翅。花期4~5月，球果10月成熟。

【分布区】分布于沁源县交口镇、沁河镇，沁水县郑庄镇、端氏镇等地。

【生境】生长于湿润而排水良好的酸性或中性土壤上。

【用途】树冠圆锥形，叶轻柔而洒脱，为良好的景观树种；树干可割取树脂；树皮可提取栲胶。

【植物文化】华北落叶松林夏季碧海汹涌，秋季金丝缕缕，走在华北落叶松林里，绵绵的、软软的，这是落叶松为迎接你的到来而专门准备的金色地毯，让人无形中体会到一种大自然的归属感与亲切感。

华北落叶松起源于第四纪时期早更新世(距今约240万~70万年)的太原盆地一带，但在人类活动历史时期遭到了严重破坏。如管涔山、关帝山一带的森林植被，经明朝剧烈破坏后，到清初顺治(公元1644~1611年)恢复了一些幼龄次生华北落叶松林，后经数十年恢复，残林成长扩大，逐步形成与目前华北落叶松林分布相似的面貌。

图16a 华北落叶松

图16b 华北落叶松

白杄（松科Pinaceae 云杉属*Picea*）(图17)

【别名】红杄 罗汉松 红杄云杉

【学名】*Picea meyeri* Rehd. et Wils.

【形态特征】常绿乔木。高可达30米，胸径可达0.6米。树皮灰褐色，裂成不规则的薄块片脱落。枝平展，树冠塔形。球果成熟前绿色，熟时褐黄色，矩圆状圆柱形。种子倒卵圆形，种翅淡褐色，倒宽披针形。花期4月，球果9月下旬至10月上旬成熟。

【分布区】分布于沁源县沁河镇、沁水县郑庄镇等地。

【生境】生长于棕色森林土壤上，常与华北落叶松、白桦、红桦等形成针阔混交林。

【用途】树形端正，枝叶茂密，多作为庭园绿化观赏树种，可孤植、丛植，或做草坪衬景。

【保护级别】山西省濒危植物；《中国物种红色名录》（2004）收录植物，近危NT，几近符合易危VUA2c。

【植物文化】白杄叶上有明显粉白气孔线，远眺如白方缭绕，苍翠可爱。白杄多用在庄重肃穆的场合，冬季圣诞节前后，多置放在饭店、宾馆和一些家庭中作圣诞树装饰。

图17a 白杄

图17b 白杄

图17c 白杄

侧柏（柏科Cupressaceae 侧柏属*Platycladus*）（图18）

【别名】黄柏 香柏

图18a 侧柏

图18b 侧柏

【学名】*Platycladus orientalis* (L.) Franco

【形态特征】常绿乔木。高达20余米，胸径1米。树皮薄，浅灰褐色，纵裂成条片。幼树树冠卵状尖塔形，老树树冠则为广圆形。叶鳞形，先端微钝。雄球花黄色，卵圆形。雌球花近球形，蓝绿色。球果近卵圆形，成熟前近肉质，蓝绿色，被白粉；成熟后木质，开裂，红褐色。种子卵圆形或近椭圆形。花期3~4月，球果10月成熟。

【分布区】分布于沁河流域各县区。

【生境】生长于针阔混交林中。

【用途】为道路、庭院绿化树种；木材淡黄褐色，质地坚硬，有香气，耐腐蚀，供建筑、桥梁、细木工等用材；叶和种子可入药。

【植物文化】侧柏幼树树冠尖塔形，老树广圆锥形，是北京市的市树。在北京天坛，大片的侧柏营造出了肃静清幽的气氛，与皇穹宇、祈年殿的汉白玉栏杆以及青砖石路相互呼应，巧妙地表达了“大地与天通灵”的主题。

南方红豆杉（红豆杉科Taxaceae 红豆杉属*Taxus*）（图19）

【别名】美丽红豆杉

【学名】*Taxus chinensis* (Pilger) Rehd. var. *mairei* (Lemee et Levl.) Cheng et L. K. Fu

图19a 南方红豆杉

图19b 南方红豆杉

【形态特征】常绿乔木。高可达30米，胸径可达1米。树皮灰褐色、红褐色或暗褐色，裂成条片脱落。叶排列成两列，条形。雄球花淡黄色，雄蕊8~14枚。种子生于杯状红色肉质的假种皮中，常呈卵圆形。花期3~6月，果期9~11月。

【分布区】分布于阳城县白桑乡、东冶镇，泽州县南岭乡、山河镇等地。

【生境】生长于山谷、溪边、缓坡等腐殖质丰富的酸性土壤中。

【用途】枝叶浓郁，树形优美，种子成熟时，鲜红乖巧的果实满枝逗人喜爱，适合在庭园一角孤植，或山坡、草坪边缘、池边丛植；种子可入药，主治积食、蛔虫病。

【植物文化】南方红豆杉是红豆杉属中分布最广、生长最快的物种之一。南方红豆杉林属于暖温性针叶林，广布于我国两广北部至山西东南部海拔600米~1200米处的亚热带山地上，山西是其在我国自然分布的最北界。红豆杉属植物因含有天然抗癌成分——紫杉醇，而有“植物黄金”之称。20世纪60年代，Wani和Wall等首次从短叶红豆杉中提取分离得到紫杉醇，从此，红豆杉属物种的药用价值便引起了世人的高度重视。南方红豆杉，树冠优美，材质坚硬，水湿不腐，是集药用、观赏、材用于一身的珍贵树种。然而，由于其自然更新能力较弱，长期以来又被作为严重砍伐的对象，致使现存南方红豆杉的数量越来越少。1999年，国务院将其列为国家一级保护植物。

2. 阔叶乔木

红桦（桦木科 Betulaceae 桦木属 *Betula*）（图20）

【别名】纸皮桦 红皮桦

【学名】*Betula albosinensis* Burk.

【形态特征】落叶乔木。高可达30米。树皮淡红褐色或紫红色，有光泽和白粉，呈薄层状剥落，纸质。叶卵形或卵状矩圆形。果序圆柱形，单生或同时具有2~4枚排成总状。小坚果卵形，长2毫米~3毫米。

【分布区】分布于安泽县马壁镇、沁水县嘉峰镇等地。

【生境】生于沁河流域的针阔混交林中。

【用途】叶、树冠均为卵形，常作为绿化树种。

【植物文化】传说红桦的树皮用刀剥下，写上情书送给心爱的恋人，便能实现美满幸福的姻缘。在沁河源头有两株红桦树，一株名叫忠坚，另

图20a 红桦

图20b 红桦

一株名叫忠贞，他们在沁河隔岸相望。忠坚深爱着忠贞，二者以身思恋，割皮千层传递情缘。由于受媒妁之言和父母之命的阻挠，身受遍体刀痕之苦，最终不能如愿相守，含恨而死。忠贞和忠坚虽然未能实现成人之愿，他们情真意切的爱情传说，令世人为之敬佩。

白桦（桦木科 Betulaceae 桦木属 *Betula*）（图21）

【别名】粉桦 桦皮树

【学名】*Betula platyphylla* Suk.

【形态特征】落叶乔木。高可达27米。树皮灰白色，成层剥裂。叶厚纸质，三角状卵形或三角状菱形，基部截形。果序单生，圆柱形或矩圆状圆柱形，通常下垂。

【分布区】分布于武陟县阳城乡、二铺营乡，沁水县郑庄镇、苏庄乡，安泽县和川镇、冀氏镇等地。

【生境】生于沁河流域的针阔混交林中。

【用途】枝叶扶疏，姿态优美，树干洁白雅致，丛植于河畔、道旁，均可形成美丽的风景林。

图21 白桦

【植物文化】白桦身着洁白光滑像纸一样的“衣服”，故有人叫白桦为植物中的“白衣天使”。白桦的“衣服”可分层剥下来，可用铅笔在剥下薄薄的树皮上面写字。白桦象征着生与死的考验。作为俄罗斯的国树，白桦代表了俄罗斯人不畏艰险的民族气节。在距今四千年至两千年青铜器时代的远东，包括今天的中国东北区域、朝鲜半岛、西伯利亚地区等，都大规模地使用桦树皮制成的器物，如食器、狩猎工具等。

枫杨（胡桃科Juglandaceae 枫杨属 *Pterocarya*）（图22）

【别名】麻柳 娱蛤柳

【学名】*Pterocarya stenoptera* C.

【形态特征】落叶乔木。高可达30米，胸径可达1米。幼树树皮平滑，老时则深纵裂。叶多为偶数或稀奇数羽状复叶，叶轴与叶柄一样被有疏或密的短毛。雄花常具1枚发育的花被片，雄蕊5~12枚。果实长椭圆形，双翅，翅条形或阔条形。花期4~5月，果熟期8~9月。

【分布】分布于泽州县山河镇、李寨乡，阳城县润城镇、白桑乡等地。

【生境】生长于河滩以及阴湿的山坡上。

【用途】可用作园庭树或行道树。

【植物文化】每逢金秋，一串串儿的枫杨果序像钱串子挂在树上，一个个小枫杨果实张开自己的翅膀，借着风力努力地飞向远方，因为枫杨妈妈告诉他们，越努力，就会越幸运。

图22a 枫杨

图22b 枫杨

小叶杨（杨柳科Salicaceae 杨属 *Populus*）（图23）

【别名】南京白杨 明杨

【学名】*Populus simonii* Carr.

【形态特征】落叶乔木。高可达20米，胸径0.5米以上。树皮幼时灰

图23a 小叶杨

图23b 小叶杨

绿色，老时暗灰色，沟裂。叶菱状卵形、菱状椭圆形或菱状倒卵形。蒴果小，2或3瓣裂，无毛。花期3~5月，果期4~6月。

【分布区】分布于泽州县南岭乡、安泽县和川镇、沁源县交口镇等地。

【生境】生长于沁河沿岸的沙地上。

【用途】常作行道树或绿化树种。

【植物文化】树形美观，叶片秀丽，生长迅速，但寿命较短，一般30年即转入衰老阶段。小叶杨虽耐干旱、瘠薄土壤，但其喜湿润肥沃土壤，常在河岸、河滩生长良好，在干旱瘠薄的土壤上，常形成个子低矮的小树，人们习惯于称其为“小老头树”。小叶杨还是朔州市的市树，象征着朔州人民勇往直前、奋发向上的气概。

栾树（无患子科Sapindaceae 栾树属 *Koelreuteria*）（图24）

【别名】大夫树 灯笼树 乌拉胶

【学名】*Koelreuteria paniculata* Laxm.

【形态特征】落叶乔木。树皮灰褐色至灰黑色，老时纵裂。叶丛生于当年生枝上，平展，羽状复叶。聚伞圆锥花序具花3~6朵，密集呈头状；花淡黄色；花瓣4枚，开花时向外反折。蒴果圆锥形，果瓣卵形，外面有网纹。种子近球形。花期6~8月，果期9~10月。

【分布区】分布于安泽县府城镇、沁水县苏庄乡、阳城县润城镇等地。

图24a 栾树

图24b 栾树

【生境】生长于石灰质土壤中，也常栽植于寺庙中。

【用途】春季观叶、夏季观花、秋冬观果；木材黄白色，易加工；叶可作蓝色染料；花供药用，亦可作黄色染料。

【植物文化】

栾树，一年能占十月春；
春之栾，叶片嫩红可爱；
夏之栾，黄花金碧辉煌；
秋之栾，蒴果灯笼盏盏。

春秋《含文嘉》曰：天子坟高三仞，树以松；诸侯半之，树以柏；大夫八尺，树以栾；士四尺，树以槐；庶人无坟，树以杨柳。

——班固《白虎通德论》

意思是说从皇帝到普通老百姓的墓葬按周礼共分为五等，可分别栽种不同的树以彰显身份。士大夫的坟头多栽栾树，因此此树又得“大夫树”之别名。

野核桃（胡桃科 Juglandaceae 胡桃属 *Juglans*）（图25）

【别名】山核桃

【学名】*Juglans cathayensis* Dode in Bull.

【形态特征】落叶乔木，有时呈灌木状。高可达25米，胸径达1米。幼枝灰绿色。奇数羽状复叶。小叶近对生，硬纸质。雄花被腺毛，雄蕊约

图25a 野核桃

图25b 野核桃

图25c 野核桃

13枚左右，花药黄色。雌性花序直立，生于当年生枝顶端。果序常具6~10个果。果实卵形或卵圆状。花期4~5月，果期8~10月。

【分布区】分布于阳城县润城镇、白桑乡，泽州县李寨乡、南岭乡，武陟县三阳乡、西陶镇等地。

【生境】生于河流沟谷的杂木林中。

【用途】种子可食，并可榨油；树皮纤维可代麻；树皮和外果皮含鞣质，可作栲胶原料；内果皮厚，可制活性炭；核仁作药用，能润肺化痰、温肾助阳、润肤通便。

【保护级别】《中国物种红色名录》（2004）收录植物，濒危EN B2ab(ii)，种群受威胁严重。

【植物文化】野核桃和核桃同属一个家族，是核桃遗传育种的基因库和重要种质资源之一。

胡桃（胡桃科 Juglandaceae 胡桃属 *Juglans*）（图26）

【别名】核桃

【学名】*Juglans regia* L.

【形态特征】落叶乔木。高可达25米。树冠广阔；树皮幼时灰绿色，老时灰白色；小枝灰绿色。奇数羽状复叶；小叶椭圆状卵形，上面深绿色，下面淡绿色。雄性柔荑花序下垂，雄花的苞片、小苞片及花被片均被

图26 胡桃

腺毛，雄蕊花药黄色。雌性穗状花序具1~3朵雌花。果序短；果实近于球状，果核稍具皱曲。花期5月，果期10月。

【分布区】分布于阳城县白桑乡、北留镇，泽州县李寨乡、南岭乡，沁阳市紫陵镇等地。

【生境】生长于河谷两边的山坡上。

【用途】果实可食，具有增强脑功能、保护肝脏、乌发、润肤、缓解疲劳的功效，而且含油量高，可榨取食用油。

【植物文化】在古代，因胡桃果肉香醇，极具营养，珍稀名贵，常作为皇上的贡品，故享有“万岁子”“长寿果”“养人之宝”的美称；在现代，因胡桃一次栽培，则具有百年收益，故常常被作为爱情和婚姻的象征，寓意为“百年好合”。在国外，人们称胡桃为“大力士食品”“营养丰富的坚果”“益智果”等。

元宝槭（槭树科 Aceraceae 槭属 *Acer*）（图27）

【别名】元宝树 平基槭 五脚树

【学名】*Acer truncatum* Bunge

【形态特征】落叶乔木。高可达10米。树皮灰褐色或深褐色，深纵裂。叶纸质，基部截形稀近于心脏形。花黄绿色，杂性，雄花与两性花同株；花瓣5枚，淡黄色或淡白色，长圆倒卵形。翅果嫩时淡绿色，成熟时淡黄色或淡褐色，常成下垂的伞房果序。小坚果压扁状，翅长圆

图27a 元宝槭

图27b 元宝槭

形，张开成锐角或钝角。花期4月，果期8月。

【分布区】分布于泽州县山河镇、沁阳市紫陵镇、阳城县润城镇、沁水县郑庄镇等地。

【生境】生于疏林中。

【用途】集食用油、鞣料、药用、化工、水土保持于一体的优良经济树种。种子含油丰富，可作工业原料；木材细密可制造各种特殊用具，也可作建筑材料；种仁油富含多种人体必需脂肪酸和脂溶性维生素，具有较高的保健作用；根皮入药，有祛风除湿的功效。

【植物文化】元宝槭因其翅果形似元宝，故名元宝槭。又因其叶基部平齐，故名平基槭。其树形优美，枝叶浓密，春叶红艳，秋叶金黄，红黄绿相映，极为美观。

鸡爪槭（槭树科 Aceraceae 槭属 *Acer*）（图28）

【学名】*Acer palmatum* Thunb.

【形态特征】落叶小乔木。树皮深灰色。小枝细瘦，当年生枝紫色，多年生枝深紫色。叶纸质，外貌圆形，掌状分裂，一般为7裂，上面深绿色，下面淡绿色。伞房花序；花紫色，杂性，雄花与两性花同株，开花

图28 鸡爪槭

于叶发出后；萼片卵状披针形；花瓣5枚，椭圆形。翅果嫩时紫红色，成熟时淡棕黄色；小坚果球形，脉纹显著；翅与小坚果张开成钝角。花期5月，果期9月。

【分布区】分布于沁源县沁河镇、泽州县山河镇、沁水县苏庄乡等地。

【生境】生于林边或疏林中。

【用途】秋季，叶色鲜红，如霞光灿烂，极为美观；枝、叶入药，具有止痛、解毒的功效。

桃（蔷薇科 Rosaceae 桃属 *Amygdalus*）(图29)

【学名】*Amygdalus persica* L.

【形态特征】落叶乔木。高可达8米，树冠宽广而平展。树皮暗红褐色，小枝绿色，向阳处转变成红色。叶片长圆披针形。花瓣长圆状椭圆形，粉红色；雄蕊约20~30枚，花药红色。果实卵形或扁圆形，色泽变化由淡绿白色至橙黄色，常在向阳面具红晕，外面密被短柔毛。果肉白色、黄色或红色，多汁有香味，甜或酸甜。核大，离核或粘核，椭圆形。种仁味苦。花期3~4月，果实成熟期因品种而异。

图29a 桃

图29b 桃

【分布区】分布于沁河流域各县区。

【生境】沁河流域各地区均有栽培。

【用途】树干上分泌的胶质，俗称桃胶，可用作黏结剂等，为一种聚糖类物质，可食用，也供药用，有破血、和血、益气之效；花可以观赏；桃具有补中益气、养阴生津、润肠通便的功效，适用于气血两亏、面黄肌瘦、心悸气短、便秘、闭经、瘀血肿痛等症状。

【植物文化】桃花虽花期短，但有完美女性的气质，艳丽、妩媚、飘零。因此古人把“桃花运”作为男性获得异性缘的好运，而如今“桃花运”已不受性别所限，多用来形容异性缘好。人们通常认为桃子是仙家的果实，吃了可以长寿，故桃又有仙桃、寿果的美称，同时桃也被赋予了福寿吉祥的意义。此外，桃木还可做成桃符、桃人、桃木剑用来避邪驱怪。

早岁栽桃时，
县官嫌占地。
今日果漫山，
官功入县志。

——陈志岁《桃》

李（蔷薇科 Rosaceae 李属 *Prunus*）（图30）

【别名】山李子

【学名】*Prunus salicina* Lindl.

【形态特征】落叶乔木。高可达12米，树冠广圆形，树皮灰褐色。小枝黄红色，老枝紫褐色或红褐色。叶片长圆倒卵形或长椭圆形。花常3朵并生；花瓣白色，长圆倒卵形；雄蕊多数，雌蕊1枚。核果球形、卵球形或近圆锥形，黄色或红色。核卵圆形或长圆形，有皱纹。花期4月，果期7~8月。

【分布区】分布于沁河流域各县区。

【生境】生于山坡灌丛中、山谷疏林中或路旁等处。

【用途】果实饱满圆润、玲珑剔透、口味甘甜，其抗氧化剂含量较高，堪称是抗衰老、防疾病的“超级水果”，具有补中益气、养阴生津、润肠通便的功效，适用于缓解气血两亏、面黄肌瘦、便秘、闭经、心悸气短、瘀血肿痛等症状。但李子多食生痰，损坏牙齿，体质虚弱者宜少食。

【植物文化】植中州之名果兮，结修根于芳园，嘉列树之蔚蔚兮，美弱枝之爰爰。既乃长条四布，密叶重阴。夕景回光，傍荫兰林。于是肃肃

图30 李

晨风，飘飘落英。潜实内结，丰采外盈。翠质朱变，形随运成。清角奏而微酸起，大宫动而和甘生。既变洽熟，五色有章，种别类分，或朱或黄。甘酸得适，美逾蜜房。浮彩点驳，赤者如丹，入口流溅，逸味难原。见之则心悦，含之则神安。乃有河沂黄建，房陵缥青，一树三色，异味殊名。乃上代之所不睹兮，咸升御乎此房。周万国之口实兮，充荐飨于神灵。昔怪古人之感贶，乃答之以宝琼。玩斯味之奇玮兮，然后知报之为轻。

——晋·傅玄《李赋》

杏（蔷薇科 Rosaceae 杏属 *Armeniaca*）（图31）

【别名】杏树

【学名】*Armeniaca vulgaris* Lam.

【形态特征】落叶乔木。高可达12米，树冠广圆形。树皮灰褐色，纵裂。一年生枝浅红褐色，多年生枝浅褐色。叶片宽卵形，两面无毛。花单生，先于叶开放；花萼紫绿色，萼筒圆筒形；花瓣圆形至倒卵形，白色或带红色，具短爪。果实球形，白色、黄色至黄红色，常具红晕，微被短柔毛；果肉多汁，核椭圆形；种仁味苦或甜。花期3~4月，果期6~7月。

【分布区】分布于沁河流域各县区。

【生境】沁河流域各县区均有栽培。

【用途】杏仁有生津止渴、润肺定喘的功效，可用于治疗热伤津、口渴咽干、肺燥喘咳等，而且杏仁油有降低胆固醇的作用，有利于防治心血

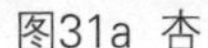

图31a 杏

图31b 杏

管疾病。

【植物文化】相传明代翰林辛士逊有一次外出，夜宿青城山道院，一位道人向他传授一长寿秘方，让他每天吃七枚杏仁，坚持食用，必获大益。这位翰林遵照此方，坚持不懈，直到老年依然身轻体健，耳聪目明，思维敏捷，长寿不衰。

团雪上晴梢，红明映碧寥。
店香风起夜，村白雨休朝。
静落犹和蒂，繁开正蔽条。
澹然闲赏久，无以破妖娆。
——唐·温宪《杏花》

山杏（蔷薇科 Rosaceae 杏属 *Armeniaca*）（图32）

【别名】西伯利亚杏

【学名】*Armeniaca sibirica* (L.) Lam.

【形态特征】落叶小乔木。高可达5米，树皮暗灰色，小枝灰褐色或淡红褐色，叶片卵形或近圆形。花单生，先于叶开放；花瓣近圆形或倒卵形，白色或粉红色。果实扁球形，黄色或橘红色，有时具红晕。果肉较薄而干燥，成熟时开裂，味酸涩，成熟时沿腹缝线开裂。核扁球形，易与果肉分离。种仁味苦。花期3~4月，果期6~7月。

【分布区】分布于沁河流域各县区。

【生境】生长于干燥向阳山坡上或与落叶乔灌木混生。

【用途】为荒山造林、水土保持的先锋树种；杏仁可榨油，供机械润滑油，其他与原种相似；木材深黄褐色，纹理直，坚硬，结构细，可作工具。

【植物文化】

每看阙下丹青树，不忘天边锦绣林。
西掖垣中今日眼，南宾楼上去年心。
花含春意无分别，物感人情有浅深。

图32a 山杏

图32b 山杏

最忆东坡红烂熳，野桃山杏水林檎。

——唐·白居易《西省对花忆忠州东坡新花树因寄题东楼》

杜梨 (蔷薇科 Rosaceae 梨属 *Pyrus*) (图33)

【别名】土梨 海棠梨 灰梨

【学名】*Pyrus betulifolia* Bunge

【形态特征】落叶乔木。高可达10米。树冠开展，枝常具刺。小枝嫩时密被灰白色绒毛。叶片菱状卵形至长圆卵形。伞形总状花序，有花10~15朵；花瓣宽卵形，白色；花药紫色。果实近球形，褐色，有淡色斑点。花期4月，果期8~9月。

【分布区】分布于阳城县润城镇、泽州县山河镇、沁源县交口镇、沁水县端氏镇等地。

【生境】生长于平原或山坡阳处。

【用途】木材可作细木雕刻、家具箱柜、算盘球等各种器物，树皮可制栲胶及作黄色染料，果实可食用、酿酒，也可作为收敛药。

【植物文化】杜梨的枝刺是从枝

图33 杜梨

条上抽生的变态小枝，着生牢固不易脱落，刺伤性很强，足以刺透兽皮。早期的先民们常用杜梨枝干堵在院门口，防止动物窜入。这可能是杜梨这种树木被称“杜”的原因，指可以用来堵塞门洞的树木，至今在一些农村还可以见到。《尚书》《国语》《周礼》等古书用“杜”字表示“关闭、堵塞”等意思，原因就在这里。这也是“杜门谢客、杜口吞声、杜口裹足”等词的来历，“杜”字的这一用法的确切含义实质就是“关门”。

有木名杜梨，阴森覆丘壑。心蠹已空朽，根深尚盘薄。
狐媚言语巧，鸟妖声音恶。凭此为巢穴，往来互栖托。
四傍五六本，叶枝相交错。借问因何生，秋风吹子落。
为长社坛下，无人敢芟斫。几度野火来，风回烧不著。

——唐·白居易《有木诗八首》

海棠花（蔷薇科 Rosaceae 苹果属 *Malus*）(图34)

【别名】海棠

【学名】*Malus spectabilis* (Ait.) Borkh.

【形态特征】落叶乔木。高可达8米。小枝粗壮，圆柱形，幼时具短柔毛，逐渐脱落。老枝红褐色或紫褐色。叶片椭圆形至长椭圆形。花序近伞形，有花4~6朵；花瓣卵形，白色，在芽中呈粉红色；雄蕊20~25枚，花丝长短不等；花柱5个。果实近球形，黄色或红色。花期4~5月，果期8~9月。

【分布区】分布于沁阳市紫陵镇、泽州县山河镇、阳城县东冶镇等地。

【生境】生长于平原或山地。

【用途】海棠花对二氧化硫有较强的抗性，适用于城市街道绿地和矿区绿化；海棠含有糖类、多种维生素及有机酸，可帮助补充人体的细胞内液，从而具有生津止渴的效果。

【植物文化】海棠花花姿潇洒，花开似锦，自古以来是雅俗共赏的名

图34a 海棠花　　图34b 海棠花

花，素有“花中神仙”“花贵妃”“花尊贵”之称，在皇家园林中常与玉兰、牡丹、桂花相配植，形成“玉棠富贵”的意境。海棠花花语是“游子思乡”“离愁别绪”“温和”“美丽”“快乐”。

海棠花底三年客，不见海棠花盛开。
却向江南看图画，始惭虚到蜀城来。
——唐·崔涂《海棠图》

东风袅袅泛崇光，香雾空蒙月转廊。
只恐夜深花睡去，故烧高烛照红妆。
——北宋·苏轼《海棠》

苹果（蔷薇科 Rosaceae 苹果属 *Malus*）（图35）

【学名】*Malus pumila* Mill.

【形态特征】落叶乔木。高可达13米。树冠圆形。小枝短而粗，被绒毛。老枝紫褐色，无毛。叶片椭圆形或卵形。伞房花序；花瓣倒卵形，白色，含苞未放时带粉红色；雄蕊20枚；花柱5个。果实扁球形，红色或黄色。

图35a 苹果

图35b 苹果

花序轴结果时稍膨大。种子深栗色或黑紫色。花期5月，果期7~10月。

【分布区】沁河流域各县区均有分布。

【生境】栽培于庭院或农田中。

【用途】果实可食，富含维生素，具有美容养颜、增强抵抗力的功效；花可做蜜源。

【植物文化】据说很久以前，一天中午，牛顿在他母亲的农场里的苹果树下休息，正在这时，一个熟透了的苹果落了下来，正好砸在牛顿头上。牛顿想：苹果为什么不向上跑而向下落呢？他问妈妈，妈妈也未能解释。带着这个疑问，最终牛顿发现了万有引力。

如今每逢圣诞节前夕，平安夜之际，人们会互相送上一个包装精美的苹果，名为“平安果”，寓意着一年的平安。

白梨（蔷薇科 Rosaceae 梨属 *Pyrus*）（图36）

【学名】*Pyrus bretschneideri* Rehd.

【形态特征】落叶乔木。高可达8米。树冠开展。小枝短而粗，被绒毛。老枝紫褐色。叶片椭圆卵形或卵形。伞形总状花序，有花7~10朵；花瓣卵形，白色。果实卵形或近球形，黄色，有细密斑点。种子倒卵形。花期4月，果期8~9月。

【分布区】沁河流域各县区均有分布。

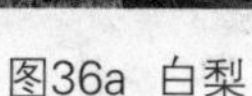

图36a 白梨　　图36b 白梨

【生境】栽培于庭院或农田中。

【用途】果实多汁，即可食用，又可入药，为“百果之宗”，其含有大量的维生素A、胡萝卜素、蛋白质、糖类、钙、磷等，具有降压、清热、镇静的功效。已有研究发现，多吃梨可以预防感冒，故人们把梨称为“全方位的健康水果”或“全科医生”。

【植物文化】在民间，梨与“离”发音一致，所以人们通常不分吃梨，象征着永不分离。

山里红 (蔷薇科 Rosaceae 山楂属 *Crataegus*)（图37）

【学名】*Crataegus pinnatifida* var. *major* N. E. Brown

【形态特征】落叶乔木。高可达6米。树皮暗灰色或灰褐色。小枝紫褐色，老枝灰褐色。叶片宽卵形或三角状卵形。伞房花序，多花；花瓣倒卵形或近圆形，白色；花药粉红色。果实近球形，黄色，深红色，有浅色斑点。花期5~6月，果期9~10月。

【分布区】沁河流域各县区均有分布。

【生境】栽培于庭院中。

【用途】可栽培作观赏树，秋季结果累累，甚为美观；果可生吃或作果酱、果糕；干制后作药用，有健胃、消积化滞、舒气散瘀的功效。

图37 山里红

甘肃山楂（蔷薇科 Rosaceae 山楂属 *Crataegus*）（图38）

【别名】面旦子

【学名】*Crataegus kansuensis* Wils.

【形态特征】落叶乔木或灌木。高可达8米。枝刺多，锥形。小枝细，圆柱形，绿带红色。叶片宽卵形。伞房花序，具花8~18朵；花瓣近圆形，白色；雄蕊15~20枚。果实近球形，红色或橘黄色。花期5月，果期7~9月。

【分布区】分布于沁水县郑庄镇、阳城县润城镇、泽州县李寨乡、沁源县交口镇等地。

【生境】生长于杂木林中、山坡阴处及山沟旁。

图38a 甘肃山楂

图38b 甘肃山楂

图38c 甘肃山楂

【用途】果实可食，味酸甘，具有消食积、活血散瘀、驱虫止痢、化滞止痛等功效，可鲜食，加工成果酱、果丹皮、罐头和饮料等，也可作为嫁接山里红的砧木。

樱桃（蔷薇科 Rosaceae 樱属 *Cerasus*）（图39）

【学名】*Cerasus pseudocerasus* (Lindl.) G. Don

【形态特征】落叶乔木或灌木。树皮灰白色。小枝灰褐色，无毛或被疏柔毛。叶片卵形或长圆状卵形。花序伞房状或近伞形，花3~6朵；花瓣卵圆形，白色。核果近球形，红色。花期3~4月，果期5~6月。

【分布区】分布于武陵县木城镇、泽州县李寨乡、沁源县沁河镇、安泽县和川镇等地。

【生境】生长于山坡阳处及山沟旁，多栽培。

【用途】果实可食，也可酿酒；枝、叶、根、花也可供药用，具有清热利湿的功效。

图39a 樱桃

图39b 樱桃

北京花楸（蔷薇科 Rosaceae 花楸属 *Sorbus*）（图40）

【别名】黄果臭山槐 白果花楸

【学名】*Sorbus discolor* (Maxim.) Maxim.

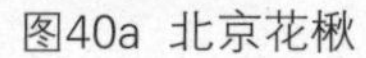

图40a 北京花楸

图40b 北京花楸

【形态特征】落叶乔木。高可达10米。小枝二年生时为紫褐色。奇数羽状复叶。复伞房花序较疏松，有多数花朵；花瓣卵形或长圆卵形，白色。果实卵形，白色或黄色。花期5月，果期8~9月。

【分布区】分布于武陵县小董乡、大虹桥乡，阳城县润城镇、白桑乡，泽州县李寨乡、南岭乡等地。

【生境】生长于山地阳坡阔叶混交林中。

【用途】树皮、果实均可入药，具有祛痰镇咳、健脾利水的功效。

花楸树（蔷薇科 Rosaceae 花楸属 *Sorbus*）（图41）

【别名】百华花楸 绒花树

【学名】*Sorbus pohuashanensis* (Hance) Hedl.

【形态特征】落叶乔木。高可达8米。小枝粗壮，灰褐色。奇数羽状复叶，基部和顶部的小叶片稍小，卵状披针形；叶轴有白色绒毛；托叶草质，宽卵形。复伞房花序具多数密集花朵；萼筒钟状；萼片三角形，内外两面具绒毛；花瓣宽卵形，白色。果实近球形，橘红色或红色，具宿存闭合萼片。花期6月，果期9~10月。

【分布区】分布于阳城县润城镇、东冶镇，沁水县郑庄镇、端氏镇，泽州县李寨乡、南岭乡等地。

【生境】生长于山谷杂木林中。

【用途】可作为观花、观果植物；果实可酿酒，也可入药，主治肺

图41a 花楸树

图41b 花楸树

图41c 花楸树

图41d 花楸树果实

结核、水肿、气管炎等

槐（豆科 Leguminosae 槐属 *Sophora*）(图42)

【别名】槐花树

【学名】*Sophora japonica* Linn.

【形态特征】落叶乔木。高可达25米。当年生枝绿色。树皮灰褐色，具纵裂纹。羽状复叶。圆锥花序顶生，常呈金字塔形。花冠白色或淡黄色，旗瓣近圆形，有紫色脉纹。荚果串珠状。种子卵球形，淡黄绿色，干后黑褐色。花期7~8月，果期8~10月。

【分布区】分布于沁河流域各县区。

图42a 槐

图42b 槐

图42c 槐

【生境】生长于平原或山地。

【用途】树冠优美，花芳香，是行道树和优良的蜜源植物。花和荚果入药，有清凉收敛、止血降压的作用；叶和根皮入药，有清热解毒的作用，可治疗疮毒。

【植物文化】古代汉语中槐官相连：

槐鼎，比喻三公或三公之位，亦泛指执政大臣；

槐位，指三公之位；

槐卿，指三公九卿；

槐兖，喻指三公；

槐宸，指皇帝的宫殿；

槐掖，指宫廷；

槐望，指有声誉的公卿；

槐绶，指三公的印绶；

槐岳，喻指朝廷高官；

槐蝉，指高官显贵；

槐府，是指三公的官署或宅第；

槐第，是指三公的宅第。

唐代开始，科举考试关乎读书士子的功名利禄、荣华富贵，能借此阶梯而上，博得三公之位，是他们的最高理想。因此，常以槐指代科考，考试的年头称槐秋，举子赴考称踏槐，考试的月份称槐黄。

此外，槐还赋有古代迁民怀祖的寄托、吉祥和祥瑞的象征。

毛洋槐（豆科 Leguminosae 刺槐属 *Robinia*）（图43）

【别名】槐花树

【学名】*Robinia hispida* Linn.

【形态特征】高可达3米。幼枝绿色，二年生枝深灰褐色。羽状复叶。小叶5~8对，椭圆形或卵形。总状花序腋生；花冠红色至玫瑰红色；花瓣具柄。荚果线形，种子3~5粒。花期5~6月，果期7~10月。

【分布区】分布于安泽县和川镇、泽州县山河镇、阳城县润城镇等地。

【生境】生长于湿润沙壤土上。

【用途】树冠优美，花大而美丽，对烟尘及有毒气体如氟化氢等有较强的抗性，是园林绿化的优良树种。

【植物文化】

花序串串
似风铃清脆
微风徐徐
若绸带绵延
不禁问何花
碧绿衬红毛洋槐

图43a 毛洋槐

图43b 毛洋槐

刺槐（豆科 Leguminosae 刺槐属 *Robinia*）（图44）

【别名】洋槐

【学名】*Robinia pseudoacacia* Linn.

【形态特征】落叶乔木。高可达25米。幼枝灰褐色，具托叶刺。树皮灰褐色至黑褐色，浅裂至深纵裂。羽状复叶。小叶2~12对，常对生，椭圆形、长椭圆形或卵形。总状花序腋生，花冠白色，花瓣具柄。荚果褐色，线状长圆形。种子2~15粒。花期4~6月，果期8~9月。

【分布区】分布于沁河流域各县区。

【生境】生长于山坡杂木林中或田野附近。

【用途】树冠高大，叶色鲜绿，每当开花季节绿白相映，素雅而芳香，可作为行道树、庭荫树；花是优良的蜜源，而且可食，人们经常做槐花饼、拨烂子；种子榨油供做肥皂及油漆原料；材质硬重，抗腐耐磨，生长快，萌芽力强，是速生薪炭林树种。

【植物文化】刺槐除了花经常被人们制作美食以外，其叶的叶柄还可以编织各种小艺术品，在民间大人们经常将刺槐叶的小叶摘去，留下叶柄，并将其编织成漏勺、花篮等供小朋友们过家家玩耍，这带给了他们无穷的乐趣。

图44a 刺槐

图44b 刺槐

山槐（豆科 Leguminosae 合欢属 *Albizia*）（图45）

【别名】山合欢

【学名】*Albizia kalkora* (Roxb.) Prain

【形态特征】落叶小乔木。高可达8米。枝条暗褐色。二回羽状复叶。小叶5~14对，长圆形或长圆状卵形。头状花序生于叶腋；花初白色，后变黄。荚果带状，深棕色。种子4~12颗，倒卵形。花期5~6月，果期8~10月。

【分布区】分布于阳城县润城镇、东冶镇，泽州县李寨乡、南岭乡，沁水县郑庄镇、苏庄乡等地。

【生境】生于山坡灌丛、疏林中。

【用途】可作为风景树；木材耐水湿；嫩叶，牲畜爱吃；根及茎皮药用，能补气活血，消肿止痛；花有催眠作用。

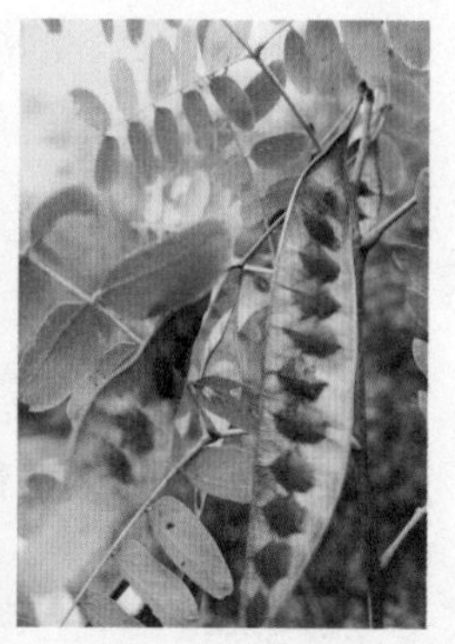

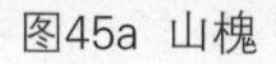

图45a 山槐　图45b 山槐

四照花（山茱萸科 Cornaceae 四照花属 *Dendrobenthamia*）（图46）

【别名】东瀛四照花

【学名】*Dendrobenthamia japonica* (DC.) Fang var. *chinensis* (Osborn.) Fang

【形态特征】落叶小乔木。小枝纤细，幼时淡绿色，微被灰白色贴生短

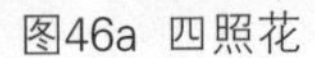

图46a 四照花　　　　图46b 四照花

柔毛，老时暗褐色。叶对生，薄纸质，卵形或卵状椭圆形。头状花序球形；总苞片4枚，黄白色。果序球形，成熟时红色。花期5~6月，果期9~10月。

【分布区】分布于阳城县东冶镇、武陟县小董乡、沁水县端氏镇等地。

【生境】生长于肥沃而排水良好的土壤中。

【用途】可做景观树种；木材坚硬，纹理通直而细腻，是良好的用材树种；果可鲜食、酿酒和制醋，入药有暖胃、通经、活血作用。

【植物文化】四照花初夏开花，白色苞片美观而显眼，微风吹动如同群蝶翩翩起舞；秋季红果满树，硕果累累，丰收喜悦的气氛浓烈呈现，分外妖娆。

野茉莉（安息香科 Styracaceae 安息香属 *Styrax*）（图47）

【学名】*Styrax japonicus* Sieb. et Zucc.

【形态特征】落叶小乔木。高可达8米。树皮暗褐色或灰褐色，平滑。嫩枝稍扁，开始时被淡黄色星状柔毛，以后脱落变为无毛，暗紫色。叶互生，纸质，椭圆形。总状花序顶生，有花5~8朵；花白色；花冠裂片卵形或椭圆形。果实卵形。种子褐色，有深皱纹。花期4~7月，果期9~11月。

【分布区】分布于阳城县东冶镇、武陟县小董乡、泽州县山河镇等地。

【生境】生长于酸性、疏松肥沃、土层较深厚的土壤中。

【用途】木材为散孔材，纹理致密，可作器具、雕刻等细工用材；

种子油可作肥皂或机器润滑油；花美丽、芳香，可作庭园观赏植物；花入药，具有清火的功效，主治喉痛、牙痛。

【植物文化】

野茉莉
花娇羞
低头示好加问候
繁花似雪高于雪
清洁淡雅胜一筹

图47 野茉莉

山白树（金缕梅科 Hamamelidaceae 山白树属 *Sinowilsonia*）（图48）

【学名】*Sinowilsonia henryi* Hemsl.

【形态特征】落叶小乔木。高可达8米。嫩枝有灰黄色星状绒毛。老枝秃净，略有皮孔。叶纸质或膜质，倒卵形。雄花总状花序；雌花穗状花序。蒴果无柄，卵圆形。种子黑色。花期4~7月，果期9~11月。

【分布区】分布于沁水县端氏镇、泽州县山河镇、阳城县润城镇等地。

【生境】生长于山坡上或谷地河岸杂木中。

【用途】山白树是古老的物种，对其进行谱系地理学研究，不但可以揭示该属植物的迁移、进化历史，而且对于了解植物多样性和特有性的形成机制都有十分重要的意义。山白树树干耸直，树形卵圆形，其在校园绿化和公园栽植尤为适宜。山白树种子富含脂肪和蛋白质，富含钾、钙、镁、铁、锌、硼等多种对人体有益的矿物质元素，含有17种氨基酸，在食品、医疗保健方面具有较大开发前景。

【植物文化】山白树嫩叶苍翠欲滴，叶片疏密得当，果序悬垂，如一

图48a 山白树

图48b 山白树

串串铃铛随风飘荡，甚为美观。山白树是我国的特有种，《中国植物红皮书》中被列为二级保护植物，也号称活化石植物。据记载，其化石曾经在欧洲古新世地层中被发现过，说明历史上山白树分布是很广泛的，但现在的分布较为局限。

君迁子（柿科 Ebenaceae 柿属 *Diospyros*）（图49）

【别名】软枣 黑枣 牛奶柿

【学名】*Diospyros lotus* L.

【形态特征】落叶乔木。高可达30米。树冠近球形或扁球形。树皮灰黑色或灰褐色。小枝褐色或棕色。叶近膜质，椭圆形至长椭圆形。雄花1~3朵腋生；花冠壶形，带红色或淡黄色。果近球形，初熟时为淡黄色，后变为蓝黑色，常被有白色薄蜡层。种子长圆形。花期5~6月，果期10~11月。

【分布区】分布于沁水县苏庄乡、嘉峰乡，阳城县润城镇、白桑乡，泽州县李寨乡、南岭乡等地。

【生境】生长于山坡上或山谷灌丛中。

【用途】成熟果实可供食用，亦可制成柿饼，其中含有丰富的维生素与矿物质，如保护眼睛的维生素A，帮助身体代谢的维生素B群和促进生长的矿物质——钙、铁、镁、钾等。果实入药，可消渴、去烦热，又可供制糖、酿酒、制醋等；未熟果实可提制柿漆，供医药和涂料用；木材质硬，耐磨损，可作纺织木梭、雕刻等，亦可作精美家具和文具；树皮可供提取

图49a 君迁子　　图49b 君迁子

单宁，制作人造棉。

【植物文化】君迁子又叫牛奶柿，是因其果实中的果汁，像乳汁、牛奶一样，甜美香醇。

“牛奶柿即软枣，叶如柿，子亦如柿而小。君迁，其木类柿而叶长，但结实小而长，状如牛奶，干熟则紫黑色。”

——崔豹《古今注》

柿（柿科 Ebenaceae 柿属 *Diospyros*）（图50）

【学名】*Diospyros kaki* Thunb.

【形态特征】落叶乔木。高可达14米。树皮深灰色至灰黑色。树冠球

图50a 柿　　图50b 柿

形或长圆球形。叶纸质，卵状椭圆形或近圆形。花雌雄异株；花序腋生，为聚伞花序；雄花序小，通常有花3朵；花冠淡黄白色，有时带紫红色，壶形或近钟形。果有球形、扁球形等。种子褐色，椭圆状。花期5~6月，果期9~10月。

【分布区】分布于阳城县润城镇、东冶镇，泽州县李寨乡、南岭乡等地。

【生境】生长于微酸性或中性土壤中。

【用途】树形优美，果色红艳，有观赏价值；果实可鲜食，还可制成柿饼、柿干、柿醋、柿汁蜜、柿叶茶、柿脯等，具有止血润便、缓和痔疾肿痛、降血压的功效。此外，柿还含碘，所以因缺碘引起的地方性甲状腺肿大患者，食用柿很有帮助。

【植物文化】柿的花语是“自然美”，对应的生辰为9月26日，寓意着该日出生的人天生就对大自然的奥妙拥有着强烈的兴趣，因此虚怀若谷，心胸广阔，对于所有的困境挫败自有承担的魄力。同时擅长交际，思想灵活，可与心爱的人共享美满幸福的生活。

柘树（桑科 Moraceae 柘属 *Cudrania*）（图51）

【学名】*Cudrania tricuspidata* (Carr.) Bur. ex Lavallee

【形态特征】落叶小乔木。高可达7米。树皮灰褐色，有棘刺。叶卵

图51 柘树

形或菱状卵形。雌雄异株，雌雄花序均为球形头状花序。聚花果近球形，肉质，成熟时橘红色。花期5~6月，果期6~7月。

【分布区】分布于泽州县李寨乡、山河镇，阳城县东冶镇、北留镇等地。

【生境】生长于山地或林缘处。

【用途】为良好的绿篱树种；嫩叶可养幼蚕；茎皮可造纸；果可生食或酿酒；木材心部黄色，可作家具用或作黄色染料；根皮可药用，能止咳化痰、祛风利湿。

楸（紫葳科 Bignoniaceae 梓属 *Catalpa*）（图52）

【别名】楸树

【学名】*Catalpa bungei* C. A. Mey.

【形态特征】落叶小乔木。高可达12米。树冠狭长倒卵形。树皮灰褐色。叶三角状卵形或卵状长圆形，叶面深绿色，叶背无毛。顶生伞房状总状花序，花冠淡红色。蒴果线形。种子狭长椭圆形。花期5~6月，果期6~10月。

【分布区】分布于阳城县白桑乡、泽州县李寨乡、沁阳市紫陵镇等地。

图52 楸

【生境】生长于山地或林缘处。

【用途】树姿俊秀，高大挺拔，是良好的风景树种；叶、树皮、种子入药，有收敛止血、祛湿止痛的功效。

【植物文化】楸树用途广泛，适应性强，不仅是目前所能筛选的最为理想的树种，而且其高大通直的枝干、优美挺拔的风姿、淡雅别致的花朵、稠密宽大的绿叶、光洁坚实的材质，能够代表人们宽广的胸怀和坚韧的性格，展示了人们热爱生活、奋发向上的精神风貌，体现了人与自然的和谐统一。

构树（桑科 Moraceae 构属 *Broussonetia*）（图53）

【学名】*Broussonetia papyrifera* (Linn.) L'Hér. ex Vent.

【形态特征】落叶乔木。高可达20米。树皮暗灰色。叶螺旋状排列，长椭圆状卵形。瘦果具与等长的柄，表面有小瘤，外果皮壳质。花雌雄异株，雄花序为柔荑花序。聚花果成熟时橙红色，肉质。花期4~5月，果期6~7月。

【分布区】分布于武陟县小董乡、三阳乡，阳城县润城镇、白桑乡，泽州县李寨乡、南岭乡等地。

【生境】生长在阔叶混交林中。

【用途】果实可食用，味酸甜；果实和叶药用，具有补肾、强筋骨、明目、利尿、清热、凉血、利湿的功效；树皮外用，主治神经性皮炎及癣症。

【植物文化】在宋代，纸被产于福建的延平，是用构树皮制造的。长期以来，民间往往用其代替青檀，制作非正宗的“宣纸”。

图53a 构树

图53b 构树

图53c 构树

木枕藜床席见经，卧看飘雪入窗棂。
布衾纸被元相似，只久高人为作铭。
纸被围身度雪天，白于狐腋软于绵。
放翁用处君知否？绝胜蒲团夜坐禅。

——宋·陆游《谢朱元晦寄纸被》

北枳椇（鼠李科 Rhamnaceae 枳椇属 *Hovenia*）（图54）

【别名】拐枣

【学名】*Hovenia dulcis* Thunb.

【形态特征】落叶乔木。高可达10米。小枝褐色或黑紫色。叶纸质或厚膜质，卵圆形。花黄绿色，花瓣倒卵状匙形。浆果状核果近球形。花序轴结果时稍膨大。种子深栗色或黑紫色。花期5~7月，果期8~10月。

【分布区】分布于泽州县南岭乡、山河镇，阳城县白桑乡、东冶镇等地。

【生境】生长在次生林中或栽培于庭院中。

图54 北枳椇

【用途】肥大的果序轴含糖量丰富，可生食、酿酒、制醋或熬糖；木材细致坚硬，可制精细用具；枝叶作药用，主治风热感冒、呕吐、醉酒烦渴、大便秘结。

刺楸（五加科 Araliaceae 刺楸属 *Kalopanax*）（图55）

【学名】*Kalopanax septemlobus* (Thunb.) Koidz.

【形态特征】落叶乔木。高可达10米。树皮暗灰棕色。小枝淡黄棕色或灰棕色，散生粗刺。叶片纸质，圆形或近圆形。花序伞形，花白色或淡绿黄色。果实球形。花期7~10月，果期9~12月。

【分布区】分布于泽州县山河镇、沁阳市紫陵镇、阳城县润城镇等地。

【生境】生长于向阳山坡及林缘处。

【用途】木材纹理美观，可供建筑、家具、乐器、雕刻等用材；根皮可入药，有清热祛痰、收敛镇痛之效；树皮及叶含鞣酸，可提制栲胶。

【保护级别】山西省重点保护植物。

图55a 刺楸

图55b 刺楸

图55c 刺楸

山茱萸（山茱萸科 Cornaceae 山茱萸属 *Cornus*）（图56）

【别名】山萸肉

【学名】*Cornus officinalis* Sieb. et Zucc.

【形态特征】乔木或落叶灌木。高可达10米。树皮灰褐色。叶片卵状披针形，上面绿色，无毛；下面浅绿色，脉腋密被淡褐色丛毛。伞形花序，顶生或腋生；花小，两性，先叶开放；花瓣4枚，黄色，向外反卷；

图56a 山茱萸

图56b 山茱萸

雄蕊4枚，与花瓣互生。核果，长椭圆形，熟时红色，果皮干后成网状纹。种子长椭圆形。花期4~5月，果期9~10月。

【分布区】分布于阳城县润城镇、沁源县中峪乡、沁水县嘉峰镇等地。

【生境】生长于山地林缘或阔叶林中。

【用途】果实称“山萸肉”，味酸涩，作药用，具有补肝肾、止汗的功效。

毛梾（山茱萸科 Cornaceae 梾木属 *Swida*）（图57）

【别名】车梁木

【学名】*Swida walteri* (Wanger.) Sojak

【形态特征】落叶乔木。高可达15米。树皮厚。叶对生，纸质，椭圆形或阔卵形。伞房状聚伞花序顶生；花白色，有香味；花瓣4枚，长圆披针形。核果球形，成熟时黑色，核骨质，扁圆球形。花期5月，果期9月。

图57a 毛梾

图57b 毛梾

【分布区】分布于安泽县府城镇、冀氏镇，沁水县郑庄镇、苏庄乡等地。

【生境】生长于杂木林或密林下。

【用途】可作为“四旁”绿化和水土保持树种；木材坚硬，纹理细密、美观，可作家具、车辆、农具等；果实可食用或作高级润滑油，油渣可作饲料和肥料；叶和树皮可提制拷胶。

臭椿（苦木科 Simaroubaceae 臭椿属 *Ailanthus*）（图58）

【学名】*Ailanthus altissima* (Mill.) Swingle

【形态特征】落叶乔木。高可达20米。树皮有直纹。嫩枝幼时被黄色柔毛，后脱落。奇数羽状复叶；小叶对生或近对生，纸质，卵状披针形，叶面深绿色，背面灰绿色，柔碎后具臭味。圆锥花序；花淡绿色；萼片5枚，覆瓦状排列；花瓣5枚；雄花中的花丝长于花瓣，雌花中的花丝短于花瓣；花药长圆形。翅果长椭圆形；种子位于翅的中间，扁圆形。花期4~5月，果期8~10月。

【分布区】沁河流域各县区均有分布。

【生境】生长于杂木林中。

【用途】可作绿化树种； 根皮、茎皮、果实均可入药，有燥湿清热、消炎止血的功效；叶可做蚕饲料；种子可提取油，残渣可作肥料。

图58a 臭椿

图58b 臭椿

旱柳（杨柳科 Salicaceae 柳属 *Salix*）（图59）

【学名】*Salix matsudana* Koidz.

【形态特征】落叶乔木。高可达18米。树冠广圆形；树皮暗灰黑色，有裂沟。叶披针形，上面绿色，无毛，下面苍白色或带白色；叶柄短；托叶披针形。花序与叶同时开放；雄花序圆柱形；雄蕊2枚，花丝基部有长毛，花药卵形，黄色；苞片卵形，黄绿色；雌花序较雄花序短；子房长椭圆形，柱头卵形；苞片同雄花。花期4月，果期4~5月。

【分布区】沁河流域各县区均有分布。

【生境】生长于河流滩地上。

【用途】为保持水土的绿化树种；枝条可编筐；叶可作为羊饲料；树皮入药，主治关节炎、急性膀胱炎、黄水疮、小便不利、疮毒、牙痛等。

图59a 旱柳

图59b 旱柳

图59c 旱柳

七叶树（七叶树科 Hippocastanaceae 七叶树属 *Aesculus*）（图60）

【别名】娑罗树

【学名】*Aesculus chinensis* Bunge

【形态特征】落叶乔木。高可达25米。树皮深褐色，小枝圆柱形，黄褐色或灰褐色。掌状复叶，由5~7片小叶组成，有灰色微柔毛；小叶纸质，长圆披针形，上面深绿色，无毛，下面除中肋及侧脉的基部嫩时有疏柔毛外，其余部分无毛。花序圆筒形，花序总轴有微柔毛；花杂性，雄花与两性花同株；花萼管状钟形；花瓣4枚，白色，长圆倒卵形；雄蕊6枚，花丝线状，无毛，花药长圆形，淡黄色。果实球形，黄褐色，无刺，具密斑点；种子近于球形，栗褐色；种脐白色。花期4~5月，果期10月。

【分布区】分布于泽州县李寨乡、山河镇，阳城县润城镇、白桑乡等地。

【生境】园区有栽培。

【用途】可作为观叶、观花、观果植物；种子可食，碱水煮后，可去苦涩，也可作药用。

【植物文化】七叶树，也称为娑罗树，原产印度，属于佛门圣树，佛祖释迦牟尼弘扬佛法和涅槃均与此树有关。传说，古时候在印度，希拉尼耶底河河岸边长着一片茂密的七叶树，一天，释迦牟尼在希拉尼耶底河里洗了个澡，然后侧卧在七叶树林内的僧伽上，头向北，面向西，头枕右手，最后就涅槃升天了，故七叶树多被种植于寺庙中，虔诚的佛教徒常用龙脑香油点佛灯，常用七叶树木材点香敬佛，致使佛堂满屋清香。在印度、泰国等国，人死后用木材焚烧尸体，富裕高贵的人家常用七叶树作燃料。

图60a 七叶树

图60b 七叶树

辽东栎（壳斗科 Fagaceae 栎属 *Quercus*）（图61）

【学名】*Quercus wutaishanica* Mayr

【形态特征】落叶乔木。高可达15米。树皮灰褐色，纵裂。幼枝绿

图61a 辽东栎

图61b 辽东栎

色，老时灰绿色。叶片倒卵形，叶缘有圆齿，叶面绿色，背面淡绿色。雄花序生于新枝基部，雌花序生于新枝上端叶腋。壳斗浅杯形，包着坚果约1/3；小苞片长三角形。坚果卵形，顶端有短绒毛；果脐微突起。花期4~5月，果期9月。

【分布区】分布于沁源县沁河镇、沁水县郑庄镇、泽州县山河镇、阳城县润城镇等地。

【生境】生长于松林或杂木林中。

【用途】叶可作蚕饲料；种子可酿酒；果、壳斗、树皮、根皮均可入药，主治腹泻、久痢、恶疮、子宫出血等。

栓皮栎（壳斗科 Fagaceae 栎属 *Quercus*）（图62）

【学名】*Quercus variabilis* Bl.

【形态特征】落叶乔木。高可达30米。树皮黑褐色，深纵裂。小枝灰棕色，芽圆锥形。叶片卵状披针形，顶端渐尖，基部圆形，叶缘具刺芒状锯齿，叶背密被灰白色绒毛。雄花序轴密被褐色绒毛；雌花序生于新枝上端叶腋，花柱壳斗杯形，包着坚果2/3。坚果近球形或宽卵形，顶端圆，果脐突起。花期3~4月，果期翌年9~10月。

【分布区】分布于沁源县沁河镇、泽州县山河镇、阳城县白桑乡等地。

图62 栓皮栎

【生境】生长于山地阳坡上。

【用途】可作为绿化树种；壳斗和树皮可提制栲胶；壳斗可入药，主治咳嗽、水泻等。

橿子栎（壳斗科 Fagaceae 栎属 *Quercus*）（图63）

【学名】*Quercus baronii* Skan

【形态特征】半常绿乔木或灌木。高可达15米。小枝幼时被星状柔毛。叶片卵状披针形，顶端渐尖，基部圆形，叶缘1/3以上有锐锯齿；叶

图63a 橿子栎

图63b 橿子栎

柄被灰黄色绒毛。雄花序轴被绒毛；雌花序具1至数朵花。壳斗杯形，包着坚果1/2~2/3；小苞片钻形，反曲。坚果卵形，被白色短柔毛；果脐微突起。花期4月，果期翌年9月。

【分布区】分布于泽州县山河镇、阳城县润城镇、沁水县郑庄镇等地。

【生境】生长于山谷杂木林中。

【用途】壳斗、树皮可提制栲胶。

槲栎（壳斗科 Fagaceae 栎属 *Quercus*）（图64）

【学名】*Quercus aliena* Bl.

【形态特征】落叶乔木。高可达30米。树皮暗灰色，深纵裂。小枝灰褐色；芽卵形，芽鳞具缘毛。叶片是椭圆状倒卵形，顶端微钝，基部楔形，叶缘具波状钝齿。雄花单生或数朵簇生于花序轴，雌花序生于新枝叶腋。壳斗杯形，包着坚果约1/2；小苞片卵状披针形。坚果椭圆形，果脐微突起。花期3~5月，果期9~10月。

【分布区】分布于沁源县沁河镇、泽州县山河镇、阳城县润城镇等地。

【生境】生长于向阳山坡上。

【用途】可作为观叶植物；种子可榨油，也可酿酒。

图64a 槲栎

图64b 槲栎

槲树（壳斗科 Fagaceae 栎属 Quercus）（图65）

【别名】波罗栎

【学名】*Quercus dentata* Thunb.

【形态特征】落叶乔木。高可达25米。树皮暗灰褐色，深纵裂。小枝有沟槽，被灰黄色绒毛。叶片长倒卵形，叶面深绿色，叶背面被灰褐色星状绒毛；托叶线状披针形。雄花序生于新枝叶腋，花数朵簇生于花序轴上；雌花序生于新枝上部叶腋。壳斗杯形，包坚果1/2~1/3；小苞片革质，红棕色。坚果卵形，无毛，有宿存花柱。花期4~5月，果期9~10月。

【分布区】分布于沁源县沁河镇、泽州县山河镇、沁水县郑庄镇等地。

【生境】生长于松林或杂木林中。

【用途】叶可做蚕饲料；种子含单宁和淀粉，可酿酒；种子和树皮入药，可做收敛剂；树皮可提取栲胶。

图65a 槲树

图65 b 槲树

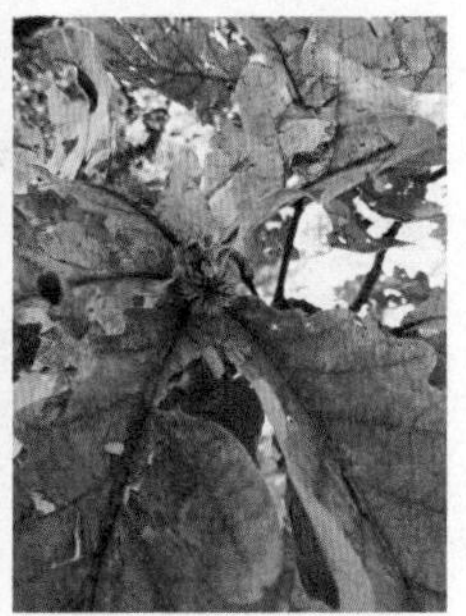

图65c 槲树

箭竹（禾本科 Gramineae 箭竹属 *Fargesia*）（图66）

【学名】*Fargesia spathacea* Franch.

【形态特征】竿丛生或近散生。箨鞘宿存或迟落，革质，长圆状三角形。叶片线状披针形。圆锥花序较紧密，顶生；小穗含2或3朵小花，紫色或紫绿色；花药黄色；子房是椭圆形；花柱羽毛状。颖果椭圆形，浅褐色。笋期5月，花期4月，果期5月。

【分布区】分布于泽州县山河镇、阳城县白桑乡等地。

图66a 箭竹

图66b 箭竹

【生境】生于林下或荒坡上。

【用途】是水土保持的优良树种；笋可食用；叶可入药，具有利尿、清热的功效；杆可劈篾供编织用。

少脉椴（椴树科 Tiliaceae 椴树属 *Tilia*）（图67）

【别名】杏鬼椴

【学名】*Tilia paucicostata* Maxim.

【形态特征】落叶乔木。高可达13米。嫩枝纤细，无毛。叶薄革质，卵圆形；叶柄纤细，无毛。聚伞花序，有花6~8朵；萼片狭窄倒披针形；花瓣淡黄色；子房被星状茸毛。果实倒卵形。

【分布区】分布于泽州县山河镇、阳城县润城镇、沁阳市紫陵镇等地。

【生境】生长于林缘处、山坡疏林中。

【用途】花可入药，也可提取芳香油；茎皮可作麻绳。

图67 少脉椴

玉兰（木兰科 Magnoliaceae 木兰属 *Magnolia*）（图68）

【学名】*Magnolia denudata* Desr.

【形态特征】落叶乔木。高可达25米。树冠宽阔；树皮深灰色，粗糙开裂；小枝灰褐色。叶纸质，倒卵形或倒卵状椭圆形，叶上面深绿色，下面淡绿色，网脉明显。花蕾卵圆形，花先叶开放，直立，芳香；花梗显著膨大，密被淡黄色长绢毛；花被片9片，白色，基部粉红色，长圆状倒卵形；雌蕊群淡绿色。聚合果圆柱形；蓇葖厚木质，褐色；种子心形，侧扁，外种皮红色，内种皮黑色。花期2~3月，果期8~9月。

【分布区】分布于沁阳市紫陵镇、泽州县山河镇、沁水县郑庄镇等地。

【生境】栽培于庭院或园林内。

【用途】可作为早春观花植物；花含芳香油，可提取香精，也可入药，具有消痰、润肺的功效；种子可榨油，作工业原料。

【植物文化】玉兰—— 吸硫高手

图68 玉兰

已有研究显示，用二氧化硫对玉兰进行人工熏烟，1公斤玉兰干叶可吸硫1.6克以上，所以玉兰是净化空气的良好树种。此外，玉兰花还是上海市的市花，河南省南召县有“中国玉兰之乡”的美誉。玉兰花的花语是“报恩”。

石榴（石榴科 Punicaceae 石榴属 *Punica*）（图69）

【学名】*Punica granatum* L.

【形态特征】落叶乔木或落叶灌木。高可达5米，枝顶常成尖锐长刺。叶通对生，纸质，矩圆状披针形，上面光亮；叶柄短。花生枝顶；萼筒红色，裂片略外展，卵状三角形；花瓣红色或黄色。浆果近球形，常为淡黄褐色。种子多数，钝角形，红色至乳白色，种皮肉质。

【分布区】分布于沁源县沁河镇、安泽县和川镇、沁水县苏庄乡等地。

【生境】院落中多有栽培。

【用途】果实可食；果皮入药，具有止血的功效；树皮、根皮可提制栲胶。

图69a 石榴　图69b 石榴　图69c 石榴　图69d 石榴

花椒（芸香科 Rutaceae 花椒属 *Zanthoxylum*）（图70）

【学名】*Zanthoxylum bungeanum* Maxim.

【形态特征】落叶小乔木。高可达7米。茎干上的刺常早落，枝有短刺。小叶对生，无柄，卵形，叶缘有细裂齿，齿缝有油点。花序顶生或生于侧枝之顶，花被片黄绿色。果紫红色，散生微凸起的油点。花期4~5月，果期8~ 10月。

【分布区】分布于阳城县白桑县、北留镇，泽州县李寨乡、南岭乡等地。

【生境】喜生长于沙壤土上，多栽培。

【用途】是干旱地区的水土保持树种，果皮可作香精，种子可作油料、调料等。

图70a 花椒

图70b 花椒

三、灌木植物

山桃（蔷薇科 Rosaceae 桃属 *Amygdalus*）（图71）

【别名】花桃

【学名】*Amygdalus davidiana* (Carrière) de Vos ex Henry

【形态特征】落叶灌木。高可达10米。树冠开展，树皮暗紫色，光滑。叶片卵状披针形，两面无毛，叶边具细锐锯齿。花单生，先于叶开放；花瓣倒卵形或近圆形，粉红色。果实近球形，淡黄色。果肉薄而干，不可食，成熟时不开裂。核球形或近球形，与果肉分离。花期3~4月，果期7~8月。

【分布区】分布于沁河流域各县区。

【生境】生长于山坡、山谷沟底或荒野疏林及灌丛内。

【用途】为观赏树种；木材质硬而重，可作各种细工及手杖；幼苗可作桃、李等果树的砧木；果核可做玩具或念珠；种仁可榨油，供制肥皂、润滑油；种子、根、茎、皮、叶、花、桃树胶均可药用。

【植物文化】

一夜间
桃花烂漫
沉寂的青春被这灵动叫醒

图71a 山桃

图71b 山桃

在花朵儿的微笑中

青春绽放着活力

与你

与我

与幸福

许诺未来

黄刺玫 (蔷薇科 Rosaceae 蔷薇属 *Rosa*)（图72）

【别名】马茹子

【学名】*Rosa xanthina* Lindl.

【形态特征】直立灌木。高可达3米。枝粗壮。小叶有散生皮刺，无毛。小叶宽卵形或近圆形。花单生于叶腋，重瓣或半重瓣，黄色；花瓣宽倒卵形，黄色。果近球形或倒卵圆形，紫红色或紫褐色。花期4~6月，果期7~8月。

【分布区】分布于沁河流域各县区。

【生境】生长于沁河流域的向阳山坡上，亦多栽培于庭院。

【用途】为庭院观花、观果植物；果实可酿酒，也可入药，作药用，

图72a 黄刺玫

图72b 黄刺玫

具有理气活血、调经健脾的功效；茎皮、叶可作造纸及纤维板的原料；花浓香，可提制芳香油。

【植物文化】黄刺玫在晋南俗称“马茹子”，其花语为“希望与你泛起激情的爱”。

山刺玫(蔷薇科 Rosaceae 蔷薇属 *Rosa*)（图73）

【别名】刺玫蔷薇

【学名】*Rosa davurica* Pall.

【形态特征】直立灌木。高一般可达1.5米。小枝紫褐色，无毛，带黄色皮刺，皮刺基部膨大，稍弯曲。小叶7~9片，长圆形。花单生于叶腋，或2~3朵簇生；花瓣粉红色，倒卵形。果近球形或卵球形，红色，光滑。花期6~7月，果期8~9月。

【分布区】分布于阳城县润城镇、白桑乡，沁水县郑庄镇、苏庄乡，沁河入黄口武陵县小董乡、西陶镇等地。

【生境】生长于山坡向阳处、杂木林边或丘陵草地上。

【用途】果实富含糖分和纤维素，可食用、酿酒、治果酱及入药，作药用，可健脾胃；花可供观赏，亦可提取芳香油；根入药，具有止血、止咳祛痰的功效。

图73a 山刺玫

图73b 山刺玫

美蔷薇 (蔷薇科 Rosaceae 蔷薇属 *Rosa*)（图74）

【别名】油瓶瓶

【学名】*Rosa bella* Rehd. et Wils.

【形态特征】落叶灌木。高可达3米。小枝散生基部稍膨大的皮刺，皮刺直立。老枝常密被针刺。小叶7~9片，椭圆形或卵形。花单生或2~3朵集生；花瓣宽倒卵形，粉红色。果椭圆状卵球形，顶端有短颈，猩红色，形似油瓶瓶。花期5~7月，果期8~10月。

【分布区】分布于沁水县郑庄镇、苏庄乡，阳城县白桑县、北留镇等地。

【生境】生长于灌丛中，山脚下或河沟旁等处。

【用途】果可酿酒、提取芳香油及作药用，作药用时，具有养血活血的功效；花入药，具有健胃、活血、调经的功效，花还可提取芳香油和香精；美蔷薇盛花时节，芳香四溢，可作为点缀斜坡、水池坡岸等的优良物种。

【植物文化】美蔷薇、玫瑰和月季三姐妹鼎足三立，被认为是蔷薇科

图74 美蔷薇

家族的魅力千金，这三姐妹各个卓然不群、独树一帜，象征着友情的真诚、爱情的甜蜜、亲情的温馨。

毛樱桃（蔷薇科 Rosaceae 樱属 *Cerasus*）（图75）

【别名】山樱桃 山豆子

【学名】*Cerasus tomentosa* (Thunb.) Wall.

【形态特征】落叶灌木。通常高0.8米。小枝紫褐色或灰褐色。叶片卵状椭圆形。花单生或2朵簇生，花叶同开，近先叶开放或先叶开放；花瓣白色或粉红色，倒卵形。核果近球形，红色。核表面除棱脊两侧有纵沟外，无棱纹。花期4~5月，果期6~9月。

【分布区】分布于安泽县府城镇、武陵县木城镇、沁源县交口镇等地。

【生境】生长于山坡林中、林缘、灌丛中或草地上。

【用途】果，味酸甜，可生食或酿酒；种仁可制肥皂及润滑油，亦可入药，有润肠利尿之效；种子入药，有治表皮斑疹、麻疹、牛痘的功效；花、叶、果均可观赏，自然韵味十足。

【植物文化】毛樱桃的花语是“乡愁”。

图75a 毛樱桃

图75b 毛樱桃

图75c 毛樱桃

图75d 毛樱桃

小时候
乡愁是一枚小小的邮票
我在这头
母亲在那头
长大后
乡愁是一张窄窄的船票
我在这头
新娘在那头
后来啊
乡愁是一方矮矮的坟墓
我在外头
母亲在里头
而现在
乡愁是一湾浅浅的海峡
我在这头
大陆在那头

——余光中《乡愁》

银露梅（蔷薇科 Rosaceae 委陵菜属 *Potentilla*）（图76）

【学名】*Potentilla glabra* Lodd.

【形态特征】落叶灌木。高可达2米。树皮纵向剥落。小枝灰褐色或紫褐色，被稀疏柔毛。羽状复叶，有小叶2对。小叶片椭圆形或卵状椭圆形，全缘。托叶薄膜质。顶生单花或数朵；萼片卵形；花瓣白色，倒卵形；花柱近基生，棒状。瘦果表面被毛。花果期6~11月。

【分布区】沁源县交口镇、沁河镇，沁水县郑庄镇、端氏镇有分布。

【生境】生长于灌丛及草甸中。

【用途】可作为绿化树种；叶、果均含鞣质，可提制栲胶；花、叶入药，有健脾、清暑、化湿、调经的功效。

图76 银露梅

珍珠梅（蔷薇科 Rosaceae 珍珠梅属 *Sorbaria*）（图77）

【学名】*Sorbaria sorbifolia* (L.) A. Br.

【形态特征】落叶灌木。高可达2米。小枝绿色。老枝暗红褐色或黄褐色。羽状复叶。小叶片对生，披针形或卵状披针形。托叶叶质。顶生大型密集圆锥花序；萼片三角卵形；花瓣白色，长圆形。蓇葖果长圆形。花期7~8月，果期9月。

【分布区】分布于沁水县苏庄乡、沁阳市紫陵镇、泽州县李寨乡等地。

【生境】生长于山坡杂木林中。

【用途】花、叶清丽，花期长，是良好的观赏树种；茎皮、枝、果入药，具有活血散瘀、消肿止痛的功效。

【植物文化】珍珠梅以花色似珍珠而得名，其凌霜傲雪绽放，故其花语为“坚强勇敢、不畏艰险”。

图77 珍珠梅

土庄绣线菊（蔷薇科 Rosaceae 绣线菊属 *Spiraea*）（图78）

【别名】土庄花 石蒡子 小叶石棒子

【学名】*Spiraea pubescens* Turcz.

图78a 土庄绣线菊

图78b 土庄绣线菊

【形态特征】落叶灌木。高可达2米。小枝嫩时被短柔毛，褐黄色，老时无毛，灰褐色。叶片菱状卵形至椭圆形。伞形花序，有花15~20朵；花瓣卵形或近圆形，白色；雄蕊25~30枚；花柱顶生。蓇葖果开张。花期5~6月，果期7~8月。

【分布区】分布于沁源县灵空山、安泽县和川镇、沁水县端氏镇等地。

【生境】生长于山坡阴处或杂木林内。

【用途】花，色白而密，可栽于公园作观赏灌木；根、果实可入药，具有调气、止痛、散瘀利湿之功效，可治疗咽喉肿痛、跌打损伤等症。

三裂绣线菊（蔷薇科 Rosaceae 绣线菊属 *Spiraea*）（图79）

【别名】石棒子 硼子

【学名】*Spiraea trilobata* L.

【形态特征】落叶灌木。高可达2米。小枝稍呈之字形弯曲，嫩时褐黄色，无毛，老时暗灰褐色。叶片近圆形。伞形花序具总梗，无毛，有花15~30朵；花瓣宽倒卵形。蓇葖果开张。花柱顶生稍倾斜。花期5~6月，果期7~8月。

图79 三裂绣线菊

【分布区】分布于沁源县中峪乡、沁阳市紫陵镇、沁水县郑庄镇等地。

【生境】生长于岩石向阳坡地或灌木丛中。

【用途】可栽培，供观赏；根、茎含有单宁，为鞣料植物。

山莓（蔷薇科 Rosaceae 悬钩子属 *Rubus*）（图80）

【别名】悬钩子 泡儿刺

【学名】*Rubus corchorifolius* L. f.

【形态特征】落叶灌木。高可达3米。枝具皮刺，幼时被柔毛。单叶，卵形，顶端渐尖，基部微心形，上面色较浅，下面色稍深，沿中脉疏生小皮刺。花单生或少数生于短枝上；花萼外密被细柔毛；萼片卵形；花瓣长圆形，白色；雄蕊雌蕊多数。果实由很多小核果组成，近球形，红色，密被细柔毛；核具皱纹。花期2~3月，果期4~6月。

【分布区】分布于沁源县沁河镇、武陵县小董乡、安泽县和川镇、沁水县苏庄乡等地。

【生境】生长于沟谷、溪边、向阳山坡上。

【用途】果可食，味甜，可制果酱，也可酿酒；果、根、叶入药，具有止血、消毒的功效；根皮、茎皮可提取栲胶。

图80 山莓

图81 水栒子

水栒子（蔷薇科 Rosaceae 栒子属 *Cotoneaster*）（图81）

【别名】栒子木

【学名】*Cotoneaster multiflorus* Bge.

【形态特征】落叶灌木。高可达4米。枝条常呈弓形弯曲。小枝红褐色或棕褐色，无毛，幼时带紫色。叶片卵形或宽卵形。花多数，约5~21朵，成疏松的聚伞花序；花瓣近圆形，白色。果实近球形或倒卵形，红色，有1个由2心皮合生而成的小核。花期5~6月，果期8~9月。

【分布区】分布于武陵县小董乡、北郭乡，沁水县端氏镇、嘉峰镇等地。

【生境】生长于沟谷、山坡杂木林中。

【用途】婀娜的身段，洁白的小花，艳红的果实，极具观赏价值；木质坚硬而富有弹性，是制作农具的优等材料；枝、叶及果实均可入药，对治疗关节肌肉风湿、牙龈出血等症具有明显效果。

迎春花（木犀科 Oleaceae 素馨属 *Jasminum*）（图82）

【学名】*Jasminum nudiflorum* Lindl.

【形态特征】落叶灌木。高可达5米。枝条弯曲，光滑。小枝四棱形，绿色。叶片对生，三出复叶，小叶卵形或长卵形。花单生于去年生小枝的叶腋，花瓣6枚，花冠黄色。花期6月。

图82a 迎春花

图82b 迎春花

【分布区】分布于沁河流域各县区。

【生境】生长于山坡灌丛中，在庭院亦多栽培。

【用途】枝条下垂，先花后叶，花色金黄，是重要的早春观赏花卉；叶可作药用，具有活血解毒的功效；花也可作药用，具有解热、利尿的功效。

【植物文化】迎春花、梅花、水仙和山茶花统称为“雪中四友”。她们端庄秀丽，气质非凡，不畏严寒，是人们意志坚强、勇敢奋进的精神寄托。据研究，迎春花的栽培历史已有一千余年，现为河南省鹤壁市的市花。

覆阑纤弱绿条长，
带雪冲寒折嫩黄。
迎得春来非自足，
百花千卉共芬芳。

—— 北宋·韩琦《迎春花》

连翘（木犀科 Oleaceae 连翘属 *Forsythia*）（图83）

【别名】黄花杆 黄寿丹

【学名】*Forsythia suspensa* (Thunb.) Vahl

【形态特征】落叶灌木。枝开展或下垂，棕色、棕褐色或淡黄褐色。

图83 连翘

小枝浅褐色，圆形。叶通常为单叶，或3裂至三出复叶。叶片卵形或椭圆状卵形。花通常单生或2朵至数朵生长于叶腋，花冠黄色。花瓣4枚，果卵球形或长椭圆形。花期3~4月，果期7~9月。

【分布区】分布于沁河流域各县区。

【生境】生长于山坡灌丛、林下或山谷、山沟疏林中。

【用途】萌发力强，具有良好的水土保持作用，还是早春优良的观花灌木；果实入药，有清热解毒、散结消肿、利尿痛经的功效；叶药用，主治高血压、咽喉疼痛等。

【植物文化】传说在五千年前，药农岐伯有个孙女，叫连翘。有一天，岐伯和孙女连翘上山采药，岐伯在口尝一种药物时，不幸中毒，口吐白沫，神志不清，不停地喊着：连翘、连翘……连翘心急之下顺手捋了一把身边的绿叶，揉碎后塞进爷爷的嘴里。半小时后，岐伯渐渐苏醒了过来，面色如常，回家调养之后，岐伯逐渐恢复健康。从此，岐伯便开始研究起这绿叶来，经过多次试验，最终发现这绿叶的清热解毒效果甚佳，并将其记入他的中药名录，以孙女名代名，取名为连翘。这就是连翘的来历。

迎春花与连翘大PK

迎春花与连翘同为木犀科家族，只是迎春花的母亲为素馨属，连翘的母亲为连翘属，两姐妹都是先花后叶，都喜欢穿黄色的衣服。而且迎春花小枝为绿色，四棱形，而连翘小枝浅褐色，圆形；迎春花花朵有6瓣，而连翘花朵为4瓣；迎春花很少结果实，而连翘结果实。

巧玲花（木犀科 Oleaceae 丁香属 *Syringa*）（图84）

【别名】小叶丁香

【学名】*Syringa pubescens* Turcz.

【形态特征】落叶灌木。高可达4米。树皮灰褐色。小枝四棱形，无毛。叶片卵形或卵圆形，上面深绿色，下面淡绿色。圆锥花序直立，通常由侧芽抽生；花序轴与花梗略带紫红色；花冠紫色，盛开时呈淡紫色，后渐近白色；花药紫色。果通常为长椭圆形，皮孔明显。花期5~6月，果期6~8月。

【分布区】分布于沁源县沁河镇、泽州县山河镇、沁水县端氏镇等地。

【生境】生于沟谷或山坡灌丛中。

图84 巧玲花

【用途】可作为观花植物；树皮入药，具有止咳、消肿的功效。

薄皮木 (茜草科 Rubiaceae 野丁香属 *Leptodermis*)（图85）

【别名】小丁香 小紫丁香

【学名】*Leptodermis oblonga* Bunge

【形态特征】落叶灌木。高可达1米。小枝纤细，灰色至淡褐。叶纸质，披针形或长圆形。叶柄短。花无梗，常3~7朵簇生枝顶；萼裂片阔卵形；花冠淡紫红色。种子有网状。花期6~8月，果期10月。

【分布区】分布于沁水县郑庄镇、苏庄乡，武陟县西陶镇、北郭乡等地。

【生境】生长于山坡、路边等向阳处的灌丛中。

【用途】夏秋开花，可丛植于草坪、路边、墙隅、假山旁及林缘处，用于观赏；嫩枝叶牲畜均喜爱吃，为中低等饲用植物。

图85a 薄皮木

图85b 薄皮木

白刺花（豆科 Leguminosae 槐属 *Sophora*）（图86）

【别名】狼牙刺 马蹄针

【学名】*Sophora davidii* (Franch.) Skeels

【形态特征】落叶灌木。高可达3米。枝多开展，小枝初被毛。羽状复叶。总状花序生于小枝顶端；花小，花冠白色或淡黄色。荚果非典型串珠

图86a 白刺花

图86b 白刺花

状，稍压扁，表面散生毛或近无毛，有种子3~5粒。种子卵球形，深褐色。花期3~8月，果期6~10月。

【分布区】分布于安泽县冀氏镇、沁水县嘉峰镇、武陵县木城镇等地。

【生境】生长于沁河河谷沙丘和山坡路边的灌木丛中。

【用途】耐旱性强，是水土保持树种之一，也可供观赏；叶、花、果、根均可入药，具有利湿消肿、清热解毒、凉血止血的功效。

多花胡枝子 (豆科 Leguminosae 胡枝子属 *Lespedeza*)（图87）

【学名】*Lespedeza floribunda* Bunge

【形态特征】小灌木。高可达0.6米。枝有条棱，被灰白色绒毛。根细长。茎常近基部分枝。羽状复叶具3小叶。总状花序腋生，花冠紫色或蓝紫色。荚果宽卵形，有网状脉。花期6~9月，果期9~10月。

【分布区】分布于泽州县南岭乡、安泽县马壁乡、沁源县沁河镇等地。

【生境】生于沁河中游的石质山坡上。

【用途】可植于庭园作观花植物，也可作家畜饲料及绿肥；全草入药，主治疳积、疟疾等。

图87 多花胡枝子

杭子梢（豆科 Leguminosae 莸子梢属 *Campylotropis*）（图88）

【学名】*Campylotropis macrocarpa* (Bge.) Rehd.

【形态特征】落叶灌木。高可达3米。小枝贴生，毛密，老枝常无毛。羽状复叶具3小叶。托叶狭三角形、披针形或披针状钻形。总状花序单一（稀二）腋生并顶生，花冠紫红色或近粉红色。荚果长圆形、近长圆形或椭圆形。花果期5~10月。

【分布区】分布于沁水县郑庄镇、苏庄乡，阳城县白桑乡、润城镇等地。

【生境】生长在山坡、灌丛、林缘处及山谷沟边。

【用途】可作园林赏花植物，也可作水土保持植物；茎皮纤维可作绳索；枝条可编筐篓；嫩叶可作牲畜饲料及绿肥。

图88a 杭子梢

图88b 杭子梢

河北木蓝（豆科 Leguminosae 木蓝属 *Indigofera*）（图89）

【学名】*Indigofera bungeana* Walp.

【形态特征】落叶灌木。高可达1米。茎褐色，圆柱形，有皮孔，枝银灰色。羽状复叶。托叶三角形。小叶对生，椭圆形。总状花序腋生，花

图89 河北木蓝

冠紫色或紫红色。荚果褐色，线状圆柱形。种子椭圆形。花期5~6月，果期8~10月。

【分布区】分布于阳城县东冶镇、北留镇，泽州县李寨乡、山河镇等地。

【生境】生长在山坡及河滩地。

【用途】全草药用，具有清热止血、消肿生肌的功效。

柠条锦鸡儿（豆科 Leguminosae 锦鸡儿属 *Caragana*）（图90）

【学名】*Caragana korshinskii* Kom.

【形态特征】落叶灌木。高可达4米。老枝金黄色，嫩枝被白色柔毛。羽状复叶；托叶在长枝者硬化成针刺；小叶披针形，有刺尖，灰绿色，两面密被白色柔毛。花单生；花萼管状钟形；花冠旗瓣宽卵形，具短瓣柄，黄色。荚果扁，披针形。花期5月，果期6月。

【分布区】分布于沁水县苏庄乡、沁源县沁河镇、武陵县阳城乡等地。

【生境】多生于干河床边的沙地上。

【用途】可作为家畜的饲料；根、花、种子入药，有止痒、镇静、养血的功效。

图90a 柠条锦鸡儿

图90b 柠条锦鸡儿

蚂蚱腿子（菊科 Compositae 蚂蚱腿子属 *Myripnois*）（图91）

【学名】*Myripnois dioica* Bunge

【形态特征】落叶小灌木。高可达0.8米。枝多而细直，呈帚状，具纵纹，被短柔毛。叶片纸质，生于短枝上的椭圆形，生于长枝上的卵状披针形。花雌性和两性异株，先叶开放。雌花冠毛丰富，多层，浅白色。两性花的花冠毛少数。瘦果纺锤形，密被毛。花期5月。

【分布区】分布于安泽县和川镇、马壁乡，沁水县端氏镇、苏庄乡

图91a 蚂蚱腿子

图91b 蚂蚱腿子

等地。

【生境】生于山坡、林缘处或路旁。

【用途】为春季观花植物，适合冷凉地区栽植；返青时，羊采食其嫩叶，为中下等饲用植物。

蝟实（忍冬科 Caprifoliaceae 蝟实属 *Kolkwitzia*）（图92）

【学名】*Kolkwitzia amabilis* Graebn.

【形态特征】直立灌木。高可达3米。幼枝红褐色，被短柔毛。老枝光滑，茎皮剥落。叶椭圆形至卵状椭圆形。伞房状聚伞花序，花冠淡红色，花药椭圆形。花柱有软毛，柱头圆形。花期5~6月，8~9月。

【分布区】分布于沁水县郑庄镇、嘉峰镇，沁源县交口镇、沁河镇等地。

【生境】生于山坡、路旁或灌丛中。

【用途】素有“美丽的灌木”之称，是重要的观花植物，宜丛植或作盆景。

图92a 蝟实

图92b 蝟实

金花忍冬（忍冬科 Caprifoliaceae 忍冬属 *Lonicera*）（图93）

【别名】黄花忍冬

【学名】*Lonicera chrysantha* Turcz.

图93a 金花忍冬

图93b 金花忍冬

【形态特征】落叶灌木。高可达4米。幼枝、叶柄常被开展的直糙毛。冬芽卵状披针形。叶纸质，菱状卵形或卵状披针形。总花梗细，花冠先白色后变黄色，外面疏生短糙毛，唇形。果实红色，圆形。花期5~6月，果熟期7~9月。

【分布区】分布于沁水县嘉峰镇、沁源县交口镇、泽州县李寨乡等地。

【生境】生长于沟谷、林下或林缘灌丛中。

【用途】秋后果实红艳亮丽，为优良的观果植物；花蕾、嫩枝、叶入药，可清热解毒。

金银忍冬（忍冬科 Caprifoliaceae 忍冬属 *Lonicera*）（图94）

【别名】金银木

【学名】*Lonicera maackii* (Rupr.) Maxim.

【形态特征】落叶灌木。高可达6米。冬芽小，卵圆形。叶纸质，形

图94a 金银忍冬

图94b 金银忍冬

状变化较大，通常卵状椭圆形至卵状披针形。花芳香，生长于幼枝叶腋；苞片条形，有时条状倒披针形而呈叶状；花冠先白色后变黄色，外被短伏毛或无毛。果实暗红色，圆形。种子具蜂窝状微小浅凹点。花期5~6月，果熟期8~10月。

【分布区】分布于安泽县和川镇、府城镇，沁水县郑庄镇、苏庄乡等地。

【生境】生长于林中或溪流附近的灌木丛中。

【用途】可作为观花、观果植物；花蕾入药，有清热解毒的功效；花可提取芳香油；茎皮可制人造棉；种子油可制肥皂。

【植物文化】金银忍冬的花语为“全心全意地把爱奉献给你”“诚实的爱、厚道”。

陕西荚蒾（忍冬科 Caprifoliaceae 荚蒾属 *Viburnum*）（图95）

【别名】土栾树 土栾条 冬栾条

【学名】*Viburnum schensianum* Maxim.

【形态特征】落叶灌木。高可达3米。幼枝、叶下面、叶柄及花序均被绒毛。叶纸质，卵状椭圆形或近圆形。聚伞花序直径4厘米~8厘米，花大部生长于第三级分枝上；萼筒圆筒形，无毛；花冠白色，辐状。果实红色而后变黑色，椭圆形。核卵圆形。花期5~7

图95 陕西荚蒾

月，果熟期8~9月。

【分布区】分布于沁水县郑庄镇、嘉峰镇，阳城县润城镇、白桑乡等地。

【生境】生长于山谷混交林、松林下、山坡灌丛中。

【用途】果实入药，能清热解毒、祛风消瘀；全株入药，具有下气、消食、活血的功效。

酸枣（鼠李科 Rhamnaceae 枣属 *Ziziphus*）（图96）

【别名】山枣

【学名】*Ziziphus jujuba* Mill. var. *spinosa* (Bunge) Hu ex H. F. Chow

【形态特征】落叶灌木。高可达4米。小枝呈之字形弯曲，紫褐色。托叶刺有2种，一种直伸，另一种常弯曲。叶互生，叶片椭圆形至卵状披针形，边缘有细锯齿，基部三出脉。花黄绿色，2~3朵簇生于叶腋。核果小，近球形，熟时红褐色，长圆形，味酸。种子扁椭圆形。花期6~7月，果期8~9月。

【分布区】分布于沁河流域各县区。

【生境】生于山区、丘陵、野生山坡、旷野或路旁。

【用途】果实富含维生素C，可食用、酿酒、制果脯，也可作药用，具有养胃、健脾、益血、滋补的功效；根叶也可供药用，具有安神的作用；核壳制活性炭；茎可提制栲胶。

【植物文化】传说，周灵王太子晋喜欢吹笙，声音酷似凤凰鸣唱，游

图96a 酸枣

图96b 酸枣

历于伊、洛之间，仙人浮丘生将他带往嵩山修炼。三十余年之后，太子晋乘坐白鹤出现在缑氏山之巅，可望而不可即，太子晋挥手与世人作别，升天而去，只留下剑缑挂在酸枣树上。

武周圣历二年，武则天于东都洛阳赴登封封禅，留宿嵩山脚下升仙太子庙，当地百姓献酸枣叶茶，武则天饮后啧啧称奇，感兴而为周太子晋撰碑文，并亲为书丹，存碑额“升仙太子之碑”六字。

——刘向撰《列仙传》

海州常山（马鞭草科 Verbenaceae 大青属 *Clerodendrum*）（图97）

【别名】臭梧桐

【学名】*Clerodendrum trichotomum* Thunb.

【形态特征】落叶灌木。高可达4米。幼枝被黄褐色柔毛。老枝灰白色，有淡黄色薄片状横隔。叶片纸质，卵形或三角状卵形。伞房状聚伞花序顶生或腋生，花冠白色或带粉红色，花丝与花柱同伸出花冠外。核果近球形，成熟时外果皮蓝紫色。花果期6~11月。

【分布区】分布于沁水县端氏镇、沁源县沁河镇、阳城县东冶镇等地。

【生境】生长于沁河流域的山坡灌丛中。

【用途】全株花果共存，白、红、紫色泽亮丽，为良好的观赏花木；根、茎、叶、花均可入药，有祛风湿、清热利尿、止痛、降压的功效。

图97a 海州常山

图97b 海州常山

毛黄栌（漆树科 Anacardiaceae 黄栌属 *Cotinus*）（图98）

【别名】柔毛黄栌

【学名】*Cotinus coggygria* Scop. var. *pubescens* Engl.

【形态特征】落叶灌木。高可达5米。单叶互生，叶为阔椭圆形，稀圆形，叶背密被柔毛。花瓣卵形或卵状披针形，无毛；雄蕊5枚；花药卵形；花盘5裂，紫褐色；子房近球形；花柱3个，分离，不等长。果肾形，无毛。

图98 毛黄栌

图98 毛黄栌

【分布区】分布于沁水县端氏镇、沁源县沁河镇、武陵县西陶镇等地。

【生境】生长于向阳山坡林中。

【用途】秋季叶变红，可用作庭园观叶植物；树皮和叶可提栲胶，叶还含有芳香油，可作为调香原料。

宽苞水柏枝（柽柳科 Tamaricaceae 水柏枝属 *Myricaria*）（图99）

【别名】水柽柳

【学名】*Myricaria bracteata* Royle

【形态特征】落叶灌木。高可达3米。老枝灰褐色或紫褐色。叶密生于当年生绿色小枝上，卵形或卵状披针形。总状花序顶生于当年生枝条上，密集呈穗状；花瓣倒卵形或倒卵状长圆形，粉红色、淡红色或

图99a 宽苞水柏枝　　　　图99b 宽苞水柏枝

淡紫色。蒴果狭圆锥形。种子狭长圆形或狭倒卵形。花期6~7月，果期8~9月。

【分布区】分布于武陵县大虹桥乡、沁源县中峪乡、阳城县润城镇等地。

【生境】生长于沙质河滩上。

【用途】具有水土保持的作用。

窄叶紫珠（马鞭草科 Verbenaceae 紫珠属 *Callicarpa*）（图100）

【学名】*Callicarpa japonica* Thunb. var. *angustata* Rehd.

【形态特征】落叶灌木。高可达2米。小枝圆柱形。叶片倒卵形、卵形或椭圆形。聚伞花序；花冠白色或淡紫色，无毛；花丝与花冠等长。果实球形，紫色。花期6~7月，果期8~10月。

【分布区】分布于泽州县山河镇、沁水县苏庄乡、阳城县润城镇等地。

图100 窄叶紫珠

【生境】生长于谷地河边的丛林中。

【用途】果实紫色，像紫色的星光，美丽独特，可作为观果植物。

牛奶子（胡颓子科 Elaeagnaceae 胡颓子属 *Elaeagnus*）（图101）

【别名】剪子果 甜枣

【学名】*Elaeagnus umbellate* Thunb.

【形态特征】落叶灌木。高可达4米，具长刺。幼枝密被银白色和少数黄褐色鳞片，老枝鳞片脱落，灰黑色。叶纸质或膜质，椭圆形至卵状椭圆形。花较叶先开放，黄白色，芳香，花单生或成对生于幼叶腋。果实卵圆形，幼时绿色，成熟时红色。果梗直立，粗壮。花期4~5月，果期7~8月。

【分布区】在沁河流域山地、丘陵区广泛分布。

【生境】生于林缘处、灌丛中、荒坡上和沟边。

【用途】果实，可观赏，也可生食、制果酒和果酱等；叶作农药，可杀棉蚜虫；果实、根和叶可入药，清热利湿、止血，用于泄泻、痢疾、热咳、哮喘、跌打损伤、血崩。

图101a 牛奶子

图101b 牛奶子

中国沙棘（胡颓子科 Elaeagnaceae 沙棘属 *Hippophae*）（图102）

【别名】醋柳 黄酸刺 酸刺柳

【学名】*Hippophae rhamnoides* L. subsp. *sinensis* Rousi

【形态特征】落叶灌木。高可达5米。棘刺较多，顶生或侧生。嫩枝褐绿色，密被银白色，老枝灰黑色，粗糙。单叶通常近对生，纸质，狭披针形或矩圆状披针形。果实圆球形，橙黄色或橘红色。种子小，阔椭圆形至卵形，黑色或紫黑色，具光泽。花期4~5月，果

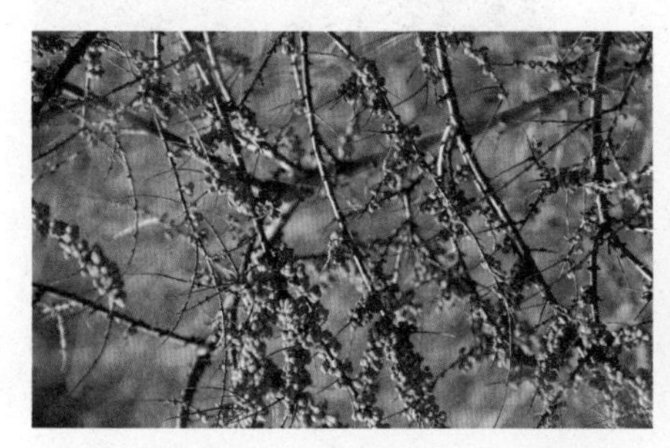

图102a 中国沙棘

图102b 中国沙棘

期9~10月。

【分布区】分布于阳城县白桑乡、沁水县苏庄乡、安泽县和川镇、沁源县交口镇等地。

【生境】生长于干涸河谷沙地、石砾地或山坡密林中。

【用途】是水土保持、固沙改土的优良植物；果实，味酸，可制成果汁、果酱，也可作药用，具有化痰止咳、消食化滞、活血散瘀的功效，主治咳嗽痰多、消化不良、食积腹痛、跌打损伤瘀肿、瘀血经闭。

直穗小檗（小檗科 Berberidaceae 小檗属 *Berberis*）（图103）

【学名】*Berberis dasystachya* Maxim.

【形态特征】落叶灌木。高可达3米。幼枝紫红色，老枝圆柱形，黄褐色。茎刺单一。叶纸质，叶片长圆状椭圆形。总状花序直立，花瓣倒卵

形。浆果椭圆形，红色。花期4~6月，果期6~9月。

【分布区】分布于阳城县北留镇、泽州县山河镇、沁水县苏庄乡等地。

【生境】生长于山谷溪边、林缘处或灌丛中。

【用途】根皮及茎皮含小檗碱，可供药用，主治泄泻、痢疾、黄疸、关节痛等。

图103 直穗小檗

黄芦木（小檗科 Berberidaceae 小檗属 *Berberis*）（图104）

【学名】*Berberis amurensis* Rupr.

【形态特征】落叶灌木。高可达3米。老枝淡黄色或灰色，茎刺三分叉。叶纸质，倒卵状椭圆形或卵形，上面暗绿色，中脉和侧脉凹陷，背面淡绿色。总状花序；花黄色；萼片2轮，外萼片倒卵形，内萼片与外萼片同形；花瓣椭圆形。浆果长圆形，红色。花期4~5月，果期8~9月。

【分布区】分布于沁源县沁河镇、泽州县山河镇、阳城县白桑乡等地。

图104a 黄芦木

图104b 黄芦木

【生境】生长于溪边、沟谷、林缘处、疏林或灌丛中。

【用途】根皮、茎皮入药，主治痢疾、关节肿痛、口疮、黄疸、白带、黄水疮。

刺五加（五加科 Araliaceae 五加属 *Acanthopanax*）（图105）

【别名】五加

【学名】*Acanthopanax senticosus* (Rupr. Maxim.) Harms

【形态特征】落叶灌木。高可达6米。多分枝，一、二年生的枝通常密生刺。掌状复叶具5小叶。叶柄常疏生细刺。小叶椭圆状倒卵形或长圆形，上面深绿色，脉上具粗毛，下面淡绿色，脉上具短柔毛。伞形花序单个顶生；花紫黄色；萼筒无毛；花瓣5枚，卵形；雄蕊5枚；花柱全部合生成柱状。果为球形或卵球形，具5棱，黑色。花期6~7月，果期8~10月。

图105a 刺五加

图105b 刺五加

【分布区】分布于沁水县郑庄镇、苏庄乡，沁源县交口镇、中峪乡等地。

【生境】生于灌丛中或林中。

【用途】根皮可代“五加皮”入药，具有祛风湿、强筋骨的功效；种子可榨油，制作肥皂。

【保护级别】国家二级重点保护野生植物；易危 VU A2c；濒危，国家三级珍稀濒危保护野生植物。

照山白（杜鹃花科 Ericaceae 杜鹃属 *Rhododendron*）（图106）

【学名】*Rhododendron micranthum* Turcz.

【形态特征】常绿灌木。高可达2.5米。茎灰棕褐色。幼枝被鳞片及细柔毛。叶近革质，倒披针形、长圆状椭圆形至披针形。花冠钟状。蒴果长圆形。花期5~6月，果期8~11月。

【分布区】分布区沁水县苏庄乡、安泽县冀氏镇、沁源县中峪乡等地。

【生境】生于山坡灌丛或山谷中。

【用途】可供观赏；枝叶入药，具有祛风、通络、调经、止痛、化痰止咳的功效。

图106a 照山白

图106b 照山白

红瑞木（山茱萸科 Cornaceae 梾木属 *Swida*）（图107）

【别名】红瑞山茱萸

【学名】*Swida alba* Opiz

【形态特征】落叶灌木。高可达3米。树皮紫红色。冬芽卵状披针形。叶对生，纸质，椭圆形。伞房状聚伞花序，顶生，较密；总花梗圆柱形，花小，白色或淡黄白色；花瓣4枚，卵状椭圆形。核果长圆形，微扁。花期6~7月，果期8~10月。

【分布区】分布于阳城县东冶镇、北留镇，武陟县城关、木城镇等地。

图107a 红瑞木

图107b 红瑞木

【生境】生长于杂木林或针阔叶混交林中。

【用途】种子含油，供工业用；枝红、叶绿，别具一格，可作庭园绿化植物。

【植物文化】红瑞木的花语是“信仰”“勤勉”。

如何欣赏红瑞木？

枝干：四季红色，越冷越红；

叶片：夏清纯绿，秋艳丽红，冬高贵紫；

果实：初之绿，中之白，后之黑。

沙梾（山茱萸科 Cornaceae 梾木属 *Swida*）（图108）

【学名】*Swida bretshneideri* (L. Henry) Sojak

【形态特征】落叶灌木。高可达6米。树皮紫红色，幼枝圆柱形。冬芽狭长形，顶端尖。叶对生，纸质，卵形或长圆形。伞房状聚伞花序，顶生；花小，白色；花瓣4片，舌状长卵形；花药淡黄白色，卵状长圆形。核果蓝黑色至黑色，近于球形，核骨质，卵状扁圆球形。花期6~7月，果

图108 沙棶

期8~9月。

【分布区】分布于沁水县郑庄镇、端氏镇，阳城县润城镇、白桑乡，武陟县二铺营乡、北郭乡等地。

【生境】生长于杂木林内或灌丛中。

【用途】果实含油量大，可制肥皂、润滑油和作油压的原料。

木香薷（唇形科 Labiatae 香薷属 *Elsholtzia*）（图109）

【别名】柴荆芥 荆芥

【学名】*Elsholtzia stauntoni* Benth.

【形态特征】直立半灌木。高可达1.7米。茎上部多分枝。叶披针形至

图109a 木香薷

图109b 木香薷

椭圆状披针形，上面绿色，下面白绿色。穗状花序伸长；花萼管状钟形，外面密被灰白色绒毛；花冠玫瑰红紫色。小坚果椭圆形，光滑。花、果期7~10月。

【分布区】分布于安泽县府城镇、冀氏镇，沁水县苏庄乡、端氏镇，泽州县李寨乡、山河镇等地。

【生境】生长于谷地溪边、河川沿岸、草坡及石山上。

【用途】适宜在庭院、草坪上栽植；蜜琥珀色，气味芬芳，结晶细腻，为上等蜜；全株入药，具有发汗解表、祛暑化湿、利尿消肿的功效。

百里香（唇形科 Labiatae 百里香属 *Thymus*）（图110）

【别名】地角花 千里香

【学名】*Thymus mongolicus* Ronn.

【形态特征】半灌木。茎匍匐或上升。叶为卵圆形，先端钝，基部楔形，近全缘；苞叶与叶同形。花序头状，多花或少花，花具短梗；花萼管状钟形，下部被疏柔毛，上部近无毛。花冠紫红或粉红色，被疏短柔毛。小坚果卵圆形，压扁状，光滑。花期7~8月。

【分布区】分布于安泽县和川镇、沁水县苏庄乡、阳城县白桑乡等地。

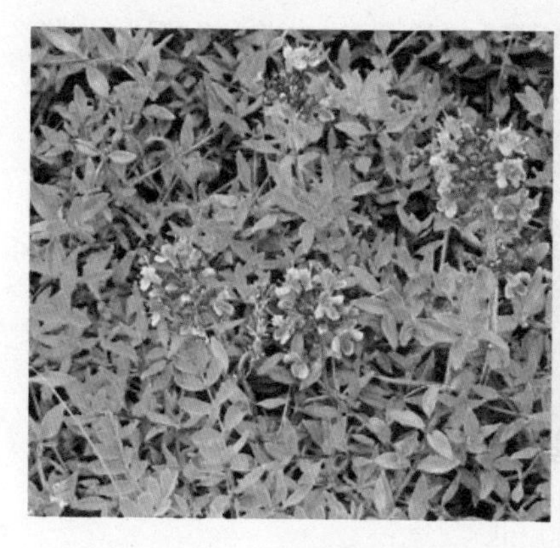

图110a 百里香

图110b 百里香

【生境】生长于多石山坡、路旁或杂草丛中。

【用途】可作香料，也可提炼精油；全草入药，具有帮助消化、增强免疫力、抗菌的功效。

【植物文化】在民间，人们会在百里香的盛花期采摘其花朵，晒干，制作成香包或香囊，端午节时佩戴在小孩子身上，可以防蚊虫叮咬、避瘟除秽。据说腼腆的男孩子，只要喝了百里香花茶，就会鼓起勇气，追求自己的幸福爱情，所以百里香的花语是“勇气”。

白丁香（木犀科 Oleaceae 丁香属 *Syringa*）（图111）

【学名】*Syringa oblata* Lindl. var. *alba* Hort. ex Rehd

【形态特征】落叶灌木。高可达5米。树皮灰褐色或灰色。叶片革质或厚纸质，叶较小，叶背面有细毛或无毛。圆锥花序直立，近球形；花

图111a 白丁香

图111b 白丁香

白色，香气浓。果倒卵状椭圆形、卵形至长椭圆形。花期4 ~ 5月，果期6~10月。

【分布区】分布于沁水县端氏镇、苏庄乡，阳城县白桑乡、东冶镇等地。

【生境】生于山坡上及山沟中，亦多栽培。

【用途】可作为观赏植物，也可作药用。

蜡梅（蜡梅科 Calycanthaceae 蜡梅属 *Chimonanthus*）（图112）

【学名】*Chimonanthus praecox* (Linn.) Link

图112a 蜡梅

图112b 蜡梅

【形态特征】落叶灌木。高可达4米。幼枝四方形，老枝圆柱形，灰褐色，有皮孔。叶纸质，卵圆形或椭圆形。花着生于第二年生枝条叶腋内，先花后叶；花被片圆形或匙形，无毛，基部有爪；花药向内弯。果托近木质化，坛状或倒卵状椭圆形，长2厘米~5厘米，直径1厘米~2.5厘米，口部收缩，并具有钻状披针形的被毛附生物。花期11月至翌年3月，果期4~11月。

【分布区】分布于沁水县郑庄镇、嘉峰镇，沁源县交口镇、沁河镇等地。

【生境】生于山坡林中。

【用途】可作为园林观花植物；根、叶入药，主治腰痛、风寒感冒等；花入药，主治气郁胸闷、烫伤等。

太平花（虎耳草科 Saxifragaceae 山梅花属 *Philadelphus*）（图113）

【别名】太平瑞圣花 京山梅花 白花结

【学名】*Philadelphus pekinensis* Rupr.

【形态特征】落叶灌木。高可达2米，分枝多。小枝黄褐色。叶卵形，先端长渐尖，基部阔楔形，边缘具锯齿，两面无毛。总状花序；花萼黄绿色；花冠盘状；花瓣白色，5~7 朵，倒卵形。种子具短尾。花期5~7月，果期8~10月。

【分布区】分布于沁源县中峪乡、沁水县苏庄乡、武陵县三阳乡等地。

图113 太平花

【生境】生长于山坡杂木林或灌丛中。

【用途】可作为观花植物；根可入药，具有解热、镇痛的功效。

扶床踉蹡出京华，头白车书未一家。

宵旰至今劳圣主，泪痕空对太平花。

—— 南宋·陆游《太平花》

鞘柄菝葜（百合科 Liliaceae 菝葜属 *Smilax*）（图114）

【学名】*Smilax stans* Maxim.

图114a 鞘柄菝葜

图114b 鞘柄菝葜

【形态特征】落叶灌木或半灌木。茎直立或披散。茎和枝条稍具棱，无刺。叶纸质，卵形。花序一般具1~3朵，总花梗纤细，花绿黄色。浆果熟时黑色，具粉霜。花期5~6月，果期10月。

【分布区】分布于沁水县苏庄乡、端氏镇、嘉峰镇，沁源县沁河镇、中峪乡、交口镇，安泽县和川镇、冀氏镇等地。

【生境】生于林下或山地阴坡上。

【用途】根茎入药，具有祛风除湿、解毒的功效。

丝兰（百合科 Liliaceae 丝兰属 *Yucca*）（图115）

【学名】*Yucca smalliana* Fern.

【形态特征】常绿灌木。茎短。叶近莲座状簇生，顶端具硬刺。花葶高大而粗壮；花近白色，下垂；花瓣匙形6枚；花序圆锥形。蒴果长圆状卵形。花期7~8月。

【分布区】分布于沁水县苏庄乡、端氏镇，阳城县白桑乡、东冶镇，泽州县李寨乡、山河镇等地。

【生境】公园中有栽培。

【用途】为赏花、叶植物，对有害气体（二氧化硫、氯气等）有较强的抗性和吸收能力。

图115 丝兰

四、草本植物

毛金腰（虎耳草科 Saxifragaceae 金腰属 *Chrysosplenium*）（图116）

【学名】*Chrysosplenium pilosum* Maxim.

【形态特征】多年生草本。不育枝出自茎基部叶腋，叶对生，具褐色斑点，近扇形，先端钝圆。花茎疏生褐色柔毛。茎生叶对生，扇形，先端近截形，基部楔形。聚伞花序；花序分枝无毛；苞叶近扇形；萼片具褐色斑点，阔卵形。种子黑褐色，阔椭球形，具纵沟和纵肋，肋上具微乳头突起。花期4~6月。

图116 毛金腰

【分布区】分布于沁水县郑庄镇、沁源县沁河镇、武陵县三阳乡、阳城县润城镇等地。

【生境】生长于山坡林下阴湿处。

【用途】全草入药，具有清热解毒的功效。

梅花草（虎耳草科 Saxifragaceae 梅花草属 *Parnassia*）（图117）

【学名】*Parnassia palustris* Linn.

【形态特征】多年生草本。根状茎短粗。基生叶3至多数，具柄；叶片卵形，基部近心形，边全缘，薄而微向外反卷，上面深绿色，下面淡绿色；托叶膜质。茎2~4条。花单生于茎顶；萼片椭圆形，全缘；花瓣白色，宽卵形，常有紫色斑点；花药椭圆形。蒴果卵球形，干后有紫褐色斑点，呈4瓣开裂；种子长圆形，褐色，有光泽。花期7~9月，果期10月。

【分布区】分布于沁水县端氏镇、嘉峰镇，沁源县沁河镇、中峪乡等地。

【生境】生于沟谷或林下潮湿草地中。

【用途】全草入药，具有清热、止咳、化痰的功效。

图117a 梅花草　　图117b 梅花草

华北蓝盆花（川续断科 Dipsacaceae 蓝盆花属 *Scabiosa*）（图118）

【别名】山萝卜

【学名】*Scabiosa tschiliensis* Grun.

【形态特征】多年生草本。高可达0.6米。茎具白色卷伏毛。根粗壮，木质。基生叶簇生。叶片卵状披针形或窄卵形。茎生叶对生，羽状深裂至全裂。头状花序在茎上部呈三出聚伞状；边花花冠二唇形，蓝紫色，外面密生白色短柔毛，裂片。头花在结果时卵形或卵状椭圆形，果脱落时花托呈长圆棒状。花期7~8月，果熟8~9月。

图118 华北蓝盆花

【分布区】分布于沁源县交口镇、沁河镇、中峪乡，沁水县郑庄镇、苏庄乡，泽州县李寨乡、山河镇等地。

【生境】生长于山坡草地或荒坡上。

【用途】花开绚丽，可栽培供观赏。

早开堇菜 (堇菜科 Violaceae 堇菜属 *Viola*)（图119）

【学名】*Viola prionantha* Bunge

【形态特征】多年生草本。无地上茎，花期高可达0.1米。根状茎垂直。根数条，带灰白色，粗而长。叶多数，均基生。叶片在花期呈长圆状卵形或狭卵形。花大，紫堇色或淡紫色，喉部色淡并有紫色条纹，无香味。蒴果长椭圆形，无毛。种子多数，卵球形，深褐色常有棕色斑点。花果期4月上中旬至9月。

【分布区】沁河流域各县区均有分布。

【生境】生长在山坡草地、沟边等向阳处。

【用途】全草供药用，有清热解毒、除脓消炎的功效；早春4月上旬开始开花，是一种美丽的早春观赏植物。

图119a 早开堇菜

图119b 早开堇菜

图119c 早开堇菜

紫花地丁 (堇菜科 Violaceae 堇菜属 *Viola*)（图120）

【学名】*Viola philippica* Cav.

【形态特征】多年生草本。无地上茎，高可达0.1米。根状茎短，垂

图120a 紫花地丁

图120b 紫花地丁

直，淡褐色。叶多数，基生，莲座状，叶片下部呈三角状卵形或狭卵形，上部呈长圆形或长圆状卵形。花中等大，紫堇色或淡紫色，喉部色较淡并带有紫色条纹。蒴果长圆形，无毛。种子卵球形，淡黄色。花果期4月中下旬至9月。

【分布区】沁河流域各县区均有分布。

【生境】生于田间、荒地、山坡草丛、林缘或灌丛中。

【用途】嫩叶可食；可作早春观赏花卉；全草供药用，具有清热解毒、凉血消肿的功效。

淫羊藿（小檗科 Berberidaceae 淫羊藿属 *Epimedium*）（图121）

【学名】*Epimedium brevicornu* Maxim.

【形态特征】多年生草本。根状茎木质化，暗棕褐色。二回三出复叶基生和茎生，茎生叶对生；小叶纸质，卵形，上面常有光泽，网脉显著，背面苍白色，基出7脉，叶缘具刺齿。圆锥花序，花白色或淡黄色，萼片2轮。花期5~6月，果期6~8月。

【分布区】分布于沁源县交口镇、沁河镇、中峪乡，沁水县郑庄镇、苏庄乡、端氏镇、嘉峰镇，安泽县和川镇等地。

【生境】生于林下或灌丛中。

【用途】全草入药，主治四肢麻木、神经衰弱、耳鸣、目眩等。

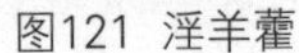

图121 淫羊藿　　图122 异鳞薹草

异鳞薹草 (莎草科 Cyperaceae 薹草属 *Carex*)（图122）

【学名】*Carex heterolepis* Bge.

【形态特征】根状茎短，具长匍匐茎。秆高可达0.7米，三棱形。苞片叶状。果囊稍长于鳞片，倒卵形或椭圆形，淡褐绿色。小坚果紧包于果囊中，宽倒卵形或倒卵形，暗褐色。花果期4~7月。

【分布区】分布于沁水县郑庄镇、泽州县李寨乡、阳城县润城镇等地。

【生境】生于沼泽地、水边。

【用途】可作为观叶植物。

披针薹草 (莎草科 Cyperaceae 薹草属 *Carex*)（图123）

【学名】*Carex lancifolia* C. B. Clarke

【形态特征】根状茎短。秆密丛生，侧生。叶鞘紫红色。苞片鞘状。雄花鳞片卵形，淡紫褐色。雌花鳞片倒卵状长圆形，两侧淡紫褐色。果囊长于鳞片，长圆形，三棱形。小坚果长圆形，三棱形，成熟时褐色；花柱基部稍增粗，柱头3个。

【分布区】分布于沁源县沁河镇、沁水县苏庄乡、泽州县南岭乡等地。

图123a 披针薹草

图123b 披针薹草

【生境】生于山坡疏林下。

【用途】茎叶可造纸；嫩叶也可做饲料。

牛毛毡（莎草科 Cyperaceae 荸荠属 *Heleocharis*）（图124）

【学名】*Heleocharis yokoscensis* (Franch. et Savat.) Tang et Wang

【形态特征】多年生挺水性草本。匍匐根状茎非常细。叶鳞片状，具鞘。小穗卵形，淡紫色，所有鳞片全有花，鳞片膜质。小坚果狭长圆形，无棱，呈浑圆状，微黄玉白色；花柱基稍膨大呈短尖状。花果期4~11月。

【分布区】分布于阳城县润城镇、白桑乡，泽州县李寨乡、南岭乡，沁阳市紫陵镇等地。

【生境】生长在池塘边或湿黏土中。

【用途】全草入药，有发表散寒、祛痰平喘的功效，主治感冒咳

图124a 牛毛毡

图124b 牛毛毡

嗽、痰多气喘。

水葱（莎草科 Cyperaceae 藨草属 *Scirpus*）（图125）

【学名】*Scirpus validus* Vahl

【形态特征】挺水草本植物。匍匐根状茎粗壮，可达1.5米，像大葱，但不能食。叶片线形。穗单生或2~3个簇生于辐射枝顶端，卵形或长圆形。鳞片椭圆形或宽卵形。小坚果倒卵形或椭圆形，双凸状。花果期6~9月。

【分布区】分布于沁水县郑庄镇、沁源县沁河镇、阳城县白桑乡等地。

【生境】生于河边或溪边。

【用途】可作为观叶植物，也可作造纸或编织草席的材料，对污水中有机物、氨氮、磷酸盐及重金属等有较高的除去率。

图125 水葱

图126 扁秆藨草

扁秆藨草（莎草科 Cyperaceae 藨草属 *Scirpus*）（图126）

【学名】*Scirpus planiculmis* Fr. Schmidt

【形态特征】多年生草本。匍匐根状茎和块茎。秆高可达1米，三棱形，平滑，基部膨大，具秆生叶。叶扁平，具长叶鞘。叶状苞片常长于花序；长侧枝聚伞花序短缩成头状；小穗长圆状卵形，锈褐色，具多数花；鳞片膜质，长圆形，深褐色；雄蕊3枚，花药线形；花柱长。小坚果宽倒卵形，扁，两面稍凹。花期5~6月，果期7~9月。

【分布区】分布于沁水县郑庄镇、阳城县东冶镇、沁源县沁河镇等地。

【生境】生于河边或溪边。

【用途】茎可作编织材料，也可造纸；根茎和块茎可酿酒。

水烛（香蒲科 Typhaceae 香蒲属 *Typha*）（图127）

【别名】蒲草 水蜡烛 狭叶香蒲

【学名】*Typha angustifolia* Linn.

【形态特征】多年生水生或沼生草本。根状茎乳黄色、灰黄色，先端白色。地上茎直立，粗壮。雌花具小苞片。小坚果长椭圆形，具褐色斑点，纵裂。种子深褐色。花果期6~9月。

【分布区】分布于阳城县白桑乡、东冶镇、润城镇，泽州县李寨乡、山河镇等地。

【生境】生于河流浅水处，当水体干枯时可生于湿地中。

图127a 水烛

图127b 水烛

【用途】可作为水景花卉；花药可作药用，称“蒲黄”，用于行瘀利尿、收敛止血；雄花称“蒲绒”，可作填充用；全草入药，主治小便不利、乳痈。

小香蒲（香蒲科 Typhaceae 香蒲属 *Typha*）（图128）

【学名】*Typha minima* Funk.

【形态特征】多年生沼生草本。根状茎姜黄色或黄褐色，先端乳白色。地上茎直立，细弱，矮小。叶通常基生，鞘状，无叶片。雌雄花序远离，花序轴无毛；雄花无被，雄蕊通常1枚单生；雌花具小苞片。小坚果椭圆形，纵裂，果皮膜质。种子黄褐色，椭圆形。花果期5~8月。

【分布区】分布于阳城县白桑乡、沁阳市紫陵镇、武陵县北郭乡等地。

【生境】生于水沟边、浅水处、湿地及低洼处。

【用途】可作水景植被；花入药，具有止血、化瘀、通淋的功效，主治吐血、外伤出血、咯血、崩漏、经闭痛经等；外用治疗口舌生疮、疖肿；全草入药，主治小便不利、乳痈。

【植物文化】在香蒲家族中，小香蒲身材娇小，秀气可爱。小香蒲的拉丁种名minima意为“最小的”，指的是香蒲科里体型最小的物种。

图128a 小香蒲

图128b 小香蒲

野西瓜苗（锦葵科 Malvaceae 木槿属 *Hibiscus*）（图129）

【学名】*Hibiscus trionum* Linn.

【形态特征】一年生直立或平卧草本。茎柔软，被白色星状粗毛。叶二型，下部的叶圆形，上部的叶掌状，上面疏被粗硬毛或无毛，下面疏被星状粗刺毛；叶柄被星状粗硬毛；托叶线形。花单生于叶腋，被星状粗硬毛；花萼钟形，淡绿色，被粗长硬毛，膜质，三角形，具纵向紫色条纹，中部以上合生；花淡黄色，内面基部紫色，花瓣5枚，倒卵形；花药黄色。蒴果长圆状球形，黑色；种子肾形，黑色，具腺状突起。花期7~10月。

【分布区】沁河流域各县区均有分布。

【生境】生于荒地或田野中。

【用途】全草入药，主治烧伤、烫伤、关节炎等。

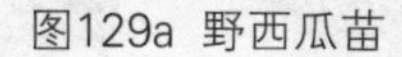

图129a 野西瓜苗

图129b 野西瓜苗

锦葵 (锦葵科 Malvaceae 锦葵属 *Malva*)（图130）

【学名】*Malva sinensis* Cavan.

【形态特征】二年生或多年生草本，栽培者通常一年生。茎可达0.8米。叶圆心形或肾形，裂片浅钝。叶柄上稍有硬毛。花大，簇生于叶腋，紫红色或淡红色，具深紫色纹，花瓣端浅凹。果扁圆形。种子肾形，黑褐色。花期5~10月。

【分布区】分布于安泽县和川镇、府城镇，泽州县李寨乡、南岭乡、山河镇，阳城县润城镇、东冶镇等地。

【生境】生于荒地或谷地中，亦多栽培。

【用途】为观花植物，也可作药用。

黄蜀葵（锦葵科 Malvaceae 秋葵属 *Abelmoschus*）（图131）

【学名】*Abelmoschus manihot* (Linn.) Medicus

【形态特征】一年生或多年生草本。高可达2米。叶掌状。托叶披针形。叶柄上稍有硬毛。花单生于枝端叶腋；花淡黄色；柱头紫黑色。蒴果卵状椭圆形。种子多数，肾形。花期5~10月。

【分布区】分布于阳城县润城镇、白桑乡、东冶镇，泽州县南岭乡、李寨乡等地。

【生境】生于田边或沟旁灌丛中。

【用途】为观花植物；根含黏质，可作造纸糊料；花、种子和根可作药用。

图130 锦葵

图131a 黄蜀葵

图131b 黄蜀葵

飞燕草（毛茛科 Ranunculaceae 飞燕草属 *Consolida*）（图132）

【学名】*Consolida ajacis* (L.) Schur

图132a 飞燕草

图132b 飞燕草

【形态特征】多年生草本。茎高可达0.6米。叶片掌状细裂，被短柔毛。花序生茎或分枝顶端；下部苞片叶状，上部苞片线形；萼片紫色、粉红色或白色，宽卵形，距钻形；花瓣片三裂，卵形。蓇葖密被短柔毛。

【分布区】分布于沁水县苏庄乡、泽州县李寨乡、阳城县白桑乡等地。

【生境】生于山坡上或草地中，在公园中也有栽培。

【用途】可作为观花植物；全草入药，主治牙痛。

毛茛（毛茛科 Ranunculaceae 毛茛属 *Ranunculus*）（图133）

【别名】五虎草

【学名】*Ranunculus japonicus* Thunb.

图133 毛茛

【形态特征】多年生草本。茎直立，中空，有槽。基生叶多数，叶片圆心形或五角形。聚伞花序有多数花，疏散；花瓣5枚，倒卵状圆形，黄色。瘦果扁平，无毛，喙短直或外弯。花果期4月至9月。

【分布区】分布于沁水县苏庄乡、阳城县润城镇、泽州县山河镇等地。

【生境】生长于沁河河边的水湿草

地中。

【用途】全草为外用发泡药，主治疟疾、黄疸病等；为有毒植物。

【植物文化】毛茛的拉丁名中，“*Ranunculus*”意为青蛙，意思是毛茛喜欢生长在青蛙多的地方；

毛茛的英文名“buttercup”意为奶油金杯，是由于其花色金黄，花形犹如酒杯而得名；

毛茛的花语是“孩子气”。

驴蹄草（毛茛科 Ranunculaceae 驴蹄草属 *Caltha*）（图134）

【学名】*Caltha palustris* L.

【形态特征】多年生草本。茎实心，具细纵沟。基生叶3~7片，有长柄。叶片圆形。茎生叶通常向上逐渐变小，圆肾形。茎或分枝顶部有由2朵花组成的简单的单歧聚伞花序；花黄色。蓇葖具横脉。种子狭卵球形，黑色，有光泽。花期6~7月，果期8~9月。

【分布区】分布于沁水县郑庄镇、苏庄乡、端氏镇，泽州县李寨乡、南岭乡等地。

图134a 驴蹄草

图134b 驴蹄草

【生境】生长在河谷或溪边草甸中。

【用途】全草入药，有除风、散寒的功效。

【植物文化】据记载，在拉脱维亚，驴蹄草被称为Gundega，该词是由uguns(火)和dega(燃烧)两个词组成的，形容某些人在碰到驴蹄草的汁液时会产生灼热感。

白头翁（毛茛科 Ranunculaceae 白头翁属 *Pulsatilla*）（图135）

【别名】羊胡子花

【学名】*Pulsatilla chinensis* (Bunge) Regel

【形态特征】多年生草本。根状茎。基生叶4~5片，通常在开花时刚刚生出。叶片宽卵形，三全裂。花直立，萼片蓝紫色，长圆状卵形。瘦果纺锤形，有长柔毛，形似白头老翁。花期4~5月。

【分布区】分布于沁水县郑庄镇、苏庄乡、端氏镇、嘉峰镇，沁源县中峪乡、沁河镇，安泽县和川镇、府城镇等地。

【生境】生长于沁河流域的山坡草丛中。

【用途】根可入药，具有清热解毒、凉血的功效，主治疟疾。

【植物文化】白头翁对应的生辰是四月七日，花语是“才智”，这一天出生的人，才智卓越，富有知性，洞察力强，适合走艺术路线。

相传，唐代诗人杜甫困守京华之际，蜗居茅屋，身无分文，生活异常

图135a 白头翁

图135b 白头翁

艰辛。一日，杜甫喝下一碗剩粥，不久便呕吐不止，腹部剧痛。这时，一位白发老翁刚好路过，见此情景，便去采摘了一把长着白色柔毛的野草，将其煎汤让杜甫服下。服完之后，病痛日渐痊愈。后来杜甫就将此草命名为“白头翁”，以表达对那位白发老翁的感激之情。

身本平凡绿野中
清姿岂肯斗俗红
东君有意人间种
好赠白翁救少陵

——叶知秋《白头翁》

角蒿 （紫葳科 Bignoniaceae 角蒿属 *Incarvillea*）（图136）

【别名】羊角草

【学名】*Incarvillea sinensis* Lam.

【形态特征】一年生至多年生草本。茎分枝，高可达0.8米。根近木质而分枝。叶互生，不聚生长于茎的基部。顶生总状花序，疏散；花萼钟状，绿色带紫红色；花冠淡玫瑰色或粉红色，钟状漏斗形；花柱淡黄色。

图136a 角蒿

图136b 角蒿

蒴果淡绿色，细圆柱形。种子扁圆形，细小。花期5~9月，果期10~11月。

【分布区】分布于沁河流域各县区。

【生境】生长于山坡、田野中。

【用途】全草入药，主治口疮、齿龈溃烂、耳疮、湿疹、疥癣、阴道滴虫病等。

山丹（百合科 Liliaceae 百合属 *Lilium*）（图137）

【别名】细叶百合

【学名】*Lilium pumilum* DC.

【形态特征】多年生草本。鳞茎卵形或圆锥形；鳞片矩圆形或长卵形，白色。叶散生于茎中部，条形。花单生或数朵排成总状花序，鲜红色；花被片反卷；花药长椭圆形，黄色，花粉近红色。蒴果矩圆形。花期7~8月，果期9~10月。

【分布区】分布于安泽县和川镇、府城镇、冀氏镇、马壁乡、沁水县郑庄镇、苏庄乡、端氏镇、嘉峰镇等地。

【生境】生于山坡草地或林缘处。

【用途】鲜红花瓣反卷，雄蕊突出，艳丽娇媚，可做观赏花卉；鳞茎可食，也可入药，有滋补强壮、利尿、止咳的功效。

【植物文化】由刘烽作曲的《山丹丹花开红艳艳》，这一首陕北人民欢迎中央红军到陕北的革命歌曲家喻户晓。

图137a 山丹

图137b 山丹

在民间，关于山丹丹花有一个这样的传说。从前，黄河边的先民们，终日在贫瘠的黄土地上劳作，然而一年到头，收成却少得可怜，但他们仍一如既往，辛勤劳作，终于感动了天上的仙女，眼泪落在了贫瘠的黄土地上，就变成了鲜艳的山丹丹花。

偶然避雨过民舍，一本山丹恰盛开。
种久树身樛似盖，浇频花面大如杯。
怪疑朱草非时出，惊问红云甚处来。
何惜书生无事力，千金移入画栏栽。

——刘克庄《山丹》

卷丹（百合科 Liliaceae 百合属 *Lilium*）（图138）

【学名】*Lilium lancifolium* Thunb.

【形态特征】鳞茎近宽球形，鳞片宽卵形，白色。茎带紫色条纹，具白色绵毛。叶散生，矩圆状披针形或披针形。花3~6朵。花梗紫色，有白色绵毛；花下垂，花被片披针形，反卷，橙红色，有紫黑色斑点花丝淡红色，无毛；花药矩圆形。蒴果狭长卵形。花期7~8月，果期9~10月。

图138a 卷丹

图138b 卷丹

【分布区】分布于沁源县交口镇、沁河镇、中峪乡，沁水县郑庄镇、苏庄乡，沁阳市紫陵镇等地。

【生境】生于山坡灌木林下或水旁，在庭院中也有栽培。

【用途】可作为观花植物；鳞茎含淀粉，可食用，亦可作药用；花含芳香油，可作香料。

茖葱（百合科 Liliaceae 葱属 *Allium*）（图139）

【学名】*Allium victorialis* L.

【形态特征】多年生草本。鳞茎近圆柱状；鳞茎外皮灰褐色，呈网状。叶2~3片，倒披针状椭圆形，基部楔形。花葶圆柱状；伞形花序球状；花白色或带绿色；内轮花被片椭圆状卵形；外轮的狭而短，舟状。花果期6~8月。

【分布区】分布于沁源县交口镇、沁河镇，安泽县和川镇、府城镇，阳城县润城镇等地。

【生境】生于林下、沟边或阴湿山坡上。

【用途】鳞茎入药，具有解毒、散瘀、止血的功效。

图139a 茖葱

图139b 茖葱

野韭（百合科 Liliaceae 葱属 *Allium*）（图140）

【学名】*Allium ramosum* L.

【形态特征】具横生的粗壮根状茎，略倾斜。鳞茎近圆柱状；鳞茎外皮暗黄色至黄褐色。叶三棱状条形。花葶圆柱状；伞形花序半球状或近球状，多花；花白色，稀淡红色；子房倒圆锥状球形，具3圆棱，外壁具细的疣状突起。花果期6月底到9月。

【分布区】分布于沁河流域各县区。

【生境】生于向阳山坡上。

【用途】叶可食用。

图140 野韭

图141 荞麦叶大百合

荞麦叶大百合（百合科 Liliaceae 大百合属 Cardiocrinum）（图141）

【学名】*Cardiocrinum cathayanum* (Wils.) Stearn

【形态特征】多年生草本。小鳞茎一般高0.2米。茎高可达1.5米。叶纸质，具网状脉，卵状心形，先端急尖，基部近心形，上面深绿色，下面淡绿色。总状花序，花3~5朵；苞片矩圆形；花狭喇叭形，乳白色，内具紫色条纹；花被片条状倒披针形；子房圆柱形。蒴果近球形，红棕色。种子扁平，红棕色，周围有膜质翅。花期7~8月，果期8~9月。

【分布区】分布于沁源县交口镇、沁河镇，沁水县郑庄镇、苏庄乡、端氏镇，阳城县润城镇、白桑乡，泽州县山河镇等地。

【生境】生于林下阴湿处。

【用途】鳞茎入药，具有止咳、解毒、润肺的功效。

北重楼（百合科 Liliaceae 重楼属 *Paris*）（图142）

【学名】*Paris verticillata* M.

【形态特征】多年生草本。高可达0.6米。根状茎绿白色，有时带紫色，细长。叶披针形、狭矩圆形或倒卵状披针形，基部楔形。外轮花被片绿色，叶状，纸质，倒卵状披针形；内轮花被片黄绿色，条形；子房近球形，紫褐色，分枝细长，并向外反卷。蒴果浆果状，不开裂。花期5~6月，果期7~9月。

【分布区】分布于阳城县东冶镇、北留镇，泽州县李寨乡、南岭乡，沁阳市紫陵镇，沁水县郑庄镇等地。

【生境】生于山坡林下、阴湿地草丛中或沟边。

【用途】植株构型奇特，高雅美丽，适宜作地被花卉植物；根状茎，味苦，性寒，有小毒，能清热解毒、散瘀消肿，主治高热抽搐、痈疖肿毒、咽喉肿痛、毒蛇咬伤等；全草入药，主治咽喉肿痛和毒蛇咬伤。

图142 北重楼

苦参（豆科 Leguminosae 槐属 *Sophora*）（图143）

【别名】地槐 白茎地骨 山槐

【学名】*Sophora flavescens* Alt.

【形态特征】草本或亚灌木。茎具纹棱。羽状复叶；总状花序顶生，花梗纤细；苞片线形；花萼钟状，明显歪斜；花冠淡黄白色，旗瓣倒卵状匙形。种子间稍缢缩，呈不明显串珠状，稍四棱形，种子长卵形，深红褐色。花期6~8月，果期7~10。

【分布区】分布于武陵县二铺营乡、安泽县马壁乡、沁水县端氏镇等地。

【生境】生长于山坡灌木林中或田野附近。

【用途】根入药，有清热利湿、抗菌消炎、健胃的功效；种子可作农药；茎皮可编织麻袋等。

图143 苦参

草木犀（豆科 Leguminosae 草木犀属 *Melilotus*）（图144）

【学名】*Melilotus officinalis* (L.) Pall.

【形态特征】二年生草本。高可达1米。茎粗壮，直立，多分枝，具纵棱。羽状三出复叶；托叶镰状线形；叶柄细长；小叶倒卵形或倒披针形。总状花序腋生，初时稠密，花开后渐疏松；苞片刺毛状；花梗与苞片等长或稍长；萼钟形；花冠黄色，旗瓣倒卵形；子房卵状披针形，花柱长于子房。荚果卵形，具凹凸不平的横向细网纹，棕黑色。种子卵形，黄褐色，平滑。花期5~9月，果期6~10月。

【分布区】沁河流域各县区均有分布。

【生境】生长在山坡、河岸、路旁及荒地中。

【用途】全草入药，具有清热解毒的功效，主治赤白痢、皮肤疤、丹风、淋病等。

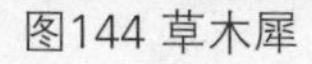

图144 草木犀

图145 地角儿苗

地角儿苗（豆科 Leguminosae 棘豆属 *Oxytropis*）（图145）

【别名】二色棘豆

【学名】*Oxytropis bicolor* Bunge

【形态特征】多年生草本。高一般为0.1米。植株各部密被开展白色绢状长柔毛，淡灰色。主根发达，直伸，暗褐色。茎缩短，簇生。轮生羽状复叶。花组成或疏或密的总状花序；花冠紫红色、蓝紫色；旗瓣菱状卵形，先端圆，中部黄色，干后有黄绿色斑。荚果革质，卵状长圆形。种子宽肾形，暗褐色。花果期4~9月。

【分布区】分布于沁源县交口镇、沁河镇，沁水县苏庄乡、端氏镇，武陵县大虹桥乡等地。

【生境】生长在山坡、砂地、路旁及荒地中。

【用途】在冬、春季，牛、羊采食其残株。种子入药，具有解毒镇痛的功效。

山野豌豆（豆科 Leguminosae 野豌豆属 *Vicia*）（图146）

【别名】落豆秧 豆豌豌

【学名】*Vicia amoena* Fisch. ex DC.

【形态特征】多年生草本。高可达1米。全株被疏柔毛。主根粗壮，须根发达。茎具棱，多分枝，斜升或攀援。偶数羽状复叶。总状花序通常长于叶，花10~20朵，密集着生于花序轴上部；花冠红紫色、蓝紫色或蓝色花期颜色多变。荚果长圆形。两端渐尖，无毛。种子1~6粒，圆形，种皮革质，深褐色，具花斑。种脐内凹，黄褐色。花期4~6月，果期7~10月。

【分布区】分布于沁河流域各县区。

【生境】生长在山坡、灌丛或杂木林中。

【用途】花期长，可作早春观花植物；种子油可制肥皂及润滑油；全

图146a 山野豌豆

图146b 山野豌豆

草入药，称透骨草，可以清热解毒。

歪头菜（豆科 Leguminosae 野豌豆属 *Vicia*）（图147）

【别名】草豆 山豌豆

【学名】*Vicia unijuga* A. Br.

【形态特征】多年生草本。高可达1米。根茎粗壮近木质，须根发达，表皮黑褐色。小叶一对，近菱形。总状花序单一稀有分支呈圆锥状复总状花序；花冠蓝紫色或淡蓝色，旗瓣倒提琴形；花萼紫色，钟状。荚果扁、长圆形，无毛，表皮棕黄色，近革质，两端渐尖，先端具喙，成熟时腹背开裂，果瓣扭曲。种子3~7粒，扁圆球形，种皮黑褐色，革质。花期6~7月，果期8~9月。

【分布区】分布于沁源县交口镇、沁河镇、中峪乡，沁水县端氏镇、嘉峰镇，阳城县东冶镇、白桑乡，武陵县木城镇等地。

【生境】生长在山地、林缘、草地、沟边及灌丛中。

【用途】嫩茎叶可食，也可作牧草；全草入药，主治咳嗽、头晕、胃痛等。

图147a 歪头菜

图147b 歪头菜

黄耆（豆科 Leguminosae 黄耆属 *Astragalus*）（图148）

【学名】*Astragalus membranaceus* (Fisch.) Bunge

【形态特征】多年生草本。高可达1米。主根肥厚，木质，常分枝，灰白色。茎直立，有细棱。羽状复叶；托叶离生，卵形；小叶椭圆形。总状花序稍密；花萼钟状；花冠黄色或淡黄色，旗瓣倒卵形；子房有柄。荚果薄膜质，半椭圆形。种子3~8粒。花期6~8月；果期7~9月。

【分布区】分布于沁水县郑庄镇、苏庄乡，阳城县白桑乡、润城镇、东冶镇等地。

【生境】生长于阴坡湿地、山顶、草地及沼泽地上。

【用途】根茎入药，主治气虚乏力、久泻脱肛、便血崩漏、食少便溏、中气下陷、表虚自汗、久溃不敛、血虚萎黄、痈疽难溃、内热消渴。

【植物文化】黄耆的花语是“回忆”“感恩”“真挚的爱”。

相传，清朝有一位名叫戴糁的老人，他体态清瘦，面肌淡黄，为人厚道，善于针灸治疗术，为好多人解除了病痛，人们尊称他为“黄耆”。老人去世后，为了纪念他，便将老人墓旁生长的一种味甜，具有补中益气、止汗、消肿、除毒生肌作用的草药称为“黄耆”，并用它救治了很多病人，在民间广为流传。

——《药品通》

图148 黄耆

野燕麦（禾本科 Gramineae 燕麦属 *Avena*）（图149）

【学名】*Avena fatua* L.

【形态特征】一年生草本。高可达1米。叶鞘松弛。叶舌透明膜质。叶片扁平。圆锥花序开展，金字塔形。小穗轴密生淡棕色。颖果被淡棕色柔毛。花果期4~9月。

【分布区】分布于武陵县小董乡、西陶镇、大虹桥乡、阳城乡，沁阳市紫陵镇等地。

【生境】生于荒地中。

【用途】果实可入药，具有补虚、敛汗、止血的功效。

图149 野燕麦

图150 大画眉草

大画眉草（禾本科 Gramineae 画眉草属 *Eragrostis*）（图150）

【学名】*Eragrostis cilianensis* (All.) Link. ex Vignclo – Lutati

【形态特征】一年生草本。茎粗壮，高可达0.8米，基部常膝曲。叶舌为一圈成束的短毛，叶片线形扁平。圆锥花序长圆形或尖塔形。小穗长圆形或卵状长圆形，墨绿色带淡绿色或黄褐色。雄蕊3枚。颖果近圆形，径约0.7毫米。花果期7~10月。

【分布区】分布于安泽县马壁乡、沁水县端氏镇、郑庄镇、苏庄乡，阳城县润城镇、白桑乡等地。

【生境】生于荒芜草地上。

【用途】可作青饲料；全草入药，具有疏风清热、利尿的功效，主治水肿、目赤等。

拂子茅（禾本科 Gramineae 拂子茅属 *Calamagrostis*）（图151）

【学名】*Calamagrostis epigeios* (L.) Roth

【形态特征】多年生草本。根状茎。秆直立。叶鞘平滑或稍粗糙，长圆形。叶舌膜质。圆锥花序紧密，圆筒形。小穗淡绿色或带淡紫色。雄蕊3枚，花药黄色。花果期5~9月。

图151 拂子茅

【分布区】分布于沁河流域各县区。

【生境】生于潮湿地及河岸沟渠旁。

【用途】可作牲畜的饲料；秆可编席、织草垫及盖房顶；全草入药，具有催产的功效。

假苇拂子茅（禾本科 Gramineae 拂子茅属 *Calamagrostis*）（图152）

【学名】*Calamagrostis pseudophragmites* (Hall. f.) Koel.

【形态特征】多年生草本。秆直立。叶鞘平滑无毛；叶舌膜质，长圆形；叶片扁平或内卷。圆锥花序长圆状披针形，草黄色或紫色；颖线状披针形；雄蕊3枚。花果期7~9月。

【分布区】分布于泽州县南岭乡、山河镇，阳城县润城镇、白桑乡、东冶镇，武陵县二铺营乡等地。

【生境】生于河岸阴湿处或山坡草地中。

【用途】可作为造纸原料，也可作为饲料，并且还是良好的水土保持植物。

图152 假苇拂子茅

图153 白茅

白茅（禾本科 Gramineae 白茅属 *Imperata*）（图153）

【学名】*Imperata cylindrica* (L.) Beauv.

【形态特征】多年生草本。具粗壮的长根状茎。秆直立。叶鞘聚集于秆基；叶舌膜质；秆生叶片窄线形，通常内卷。圆锥花序稠密；两颖草质及边缘膜质；雄蕊2枚；花柱细长，紫黑色，羽状。颖果椭圆形。花果期4~6月。

【分布区】分布于安泽县和川镇、府城镇、冀氏镇，沁水县郑庄镇、苏庄乡，阳城县白桑乡、东冶镇，泽州县南岭乡等地。

【生境】生于河岸草地上。

【用途】根入药，主治小便不利、吐血、尿血、水肿、急性肾炎、反胃等；花入药，主治体虚、鼻塞、外伤出血等。

荻（禾本科 Gramineae 荻属 *Triarrhena*）（图154）

【学名】*Triarrhena sacchariflora* (Maxim.) Nakai

图154a 荻

图154b 荻

【形态特征】多年生草本。具被鳞片的长匍匐根状茎，节处生有粗根与幼芽。秆直立，节生柔毛。叶鞘无毛；叶舌短，具纤毛；叶片扁平，宽线形。圆锥花序疏展成伞房状；主轴无毛，腋间生柔毛；总状花序轴节间具短柔毛；小穗柄顶端稍膨大；小穗线状披针形；雄蕊3枚；柱头紫黑色。颖果长圆形。花果期8~10月。

【分布区】分布于安泽县府城镇、冀氏镇、马壁乡，沁水县郑庄镇、端氏镇、嘉峰镇，沁源县沁河镇等地。

【生境】生于河岸湿地及山坡草地中。

【用途】可作为防沙护坡植物；嫩叶可作为牲畜的饲料；嫩芽可食用；茎可作为造纸原料；地下茎可作药用，具有延缓衰老、改善肤质的功效。

二色补血草（白花丹科 Plumbaginaceae 补血草属 *Limonium*）（图155）

【学名】*Limonium bicolor* (Bag.) Kuntze

【形态特征】多年生草本。高可达0.5米。叶基生，花期叶常存在，匙形。花序圆锥状；花序轴单生；穗状花序有柄至无柄，排列在花序分枝的上部至顶端；萼漏斗状，萼檐初时淡紫红，后变白；花冠黄色。花期5~7月，果期6~8月。

【分布区】分布于阳城县北留镇、白桑乡、东冶镇，沁源县沁河镇，

图155a 二色补血草　　图155b 二色补血草

安泽县府城镇等地。

【生境】生于山坡上或丘陵地区。

【用途】全草入药，具有止血、补血、健胃、益脾的功效。

垂盆草（景天科 Crassulaceae 景天属 *Sedum*）（图156）

【学名】*Sedum sarmentosum* Bunge

【形态特征】多年生草本。匍匐而节上生根。3叶轮生，叶倒披针形，先端近急尖，基部急狭，有距。聚伞花序，花少；花无梗；萼片5片，披针形，基部无距；花瓣5枚，黄色，披针形。种子卵形。花期5~7月，果期8月。

【分布区】分布于沁阳市紫陵镇、安泽县府城镇、泽州县南岭乡等地。

【生境】生于山坡向阳处。

图156a 垂盆草

图156b 垂盆草

【用途】全草入药，具有清热解毒的功效。

瓦松（景天科 Crassulaceae 瓦松属 *Orostachys*）（图157）

【别名】瓦塔 狗指甲

【学名】*Orostachys fimbriatus* (Turcz.) Berger

【形态特征】二年生草本。莲座叶线形。叶互生，疏生，有刺，线形至披针形。花序总状，紧密，或下部分枝，呈金字塔形；花瓣5片，红色，披针状椭圆形。种子多数，卵形，细小。花期8~9月，果期9~10月。

【分布区】分布于沁河流域各县区。

【生境】生于山坡石上或屋瓦上。

【用途】全草入药，为清凉剂，又为收敛剂及通经剂。

【植物文化】瓦松为什么是短命植物呢?

雨季来临，瓦松开始发芽、生长，雨季结束，瓦松的生命历程也将结束。这是为什么呢？原来几千年以前，瓦松生活在自然条件十分严酷的沙漠里，为

图157a 瓦松

图157b 瓦松

了生存，它与恶劣环境进行着斗争，最终修炼出了能在短暂的时间里完成发芽、生根、生长、开花、结果、死亡整个生命历程的特殊本领。

华北八宝（景天科 Crassulaceae 八宝属 *Hylotelephium*）（图158）

【学名】*Hylotelephium tatarinowii* (Maxim.) H. Ohba

【形态特征】一或二年生草本。根为纺锤状。茎单生，被上曲或开展的粗毛，下部常脱毛，有分枝。基部及下部叶在花期枯萎，倒卵形。总苞半球形；舌状花约30余个；舌片浅红色或白色，条状矩圆形；冠毛在舌状花极短，白色，膜片状；在管状花糙毛状，初白色，后带红色，与花冠近等长。花期7~9月，果期8~9月。

【分布区】分布于阳城县、东冶镇、北留镇，泽州县李寨乡、南岭

图158a 华北八宝

图158b 华北八宝

乡、山河镇，沁阳市紫陵镇等地。

【生境】生于沁河流域的山地石缝中。

【用途】属于多肉花卉，可作为耐旱盆景。

东方草莓（ 蔷薇科 Rosaceae 草莓属 *Fragaria*）（图159）

【别名】泡泡莓

【学名】*Fragaria orientalis* Lozinsk.

【形态特征】多年生草本。三出复叶，小叶几无柄，倒卵形。花序聚

图159 东方草莓

伞状，有花2~5朵，花两性；花瓣白色，圆形，基部具短爪。聚合果半圆形，成熟后紫红色。瘦果卵形，表面脉纹明显或仅基部具皱纹。花期5~7月，果期7~9月。

【分布区】分布于沁河流域各县区。

【生境】生长于山坡草地中或林下。

【用途】果实，可生食，味酸甜，也可制果酒、果酱。

【植物文化】东方草莓形似一般的草莓，但是嚼起来像泡泡糖一样，所以泡泡莓由此而得名，与冰淇淋、棉花糖和白巧克力搭配，口味极为独特。

蕨麻（蔷薇科 Rosaceae 委陵菜属 *Potentilla*）（图160）

【别名】鹅绒委陵菜

【学名】*Potentilla anserina* L.

【形态特征】多年生草本。基生叶为间断羽状复叶。小叶片通常椭圆形。花瓣黄色，花瓣5枚，倒卵形，先端圆形。花枝侧生。瘦果卵形，具洼点，背部有糟。花期5~7月。

【分布区】分布于阳城县润城镇、东冶镇、北留镇，安泽县府城镇、和川镇等地。

【生境】生长于河岸、路边、山坡草地中。

【用途】全株可提制栲胶；根含淀粉，可供食用和酿酒，并可入药，治贫血和营养不良。此外，还可作野菜及饲料植物。

【植物文化】蕨麻含有大量的淀粉、蛋白质、脂肪、无机盐和维生素，有延年益寿的功效，因此人们常称其为“人参果”。

图160 蕨麻

图161 路边青

路边青（蔷薇科 Rosaceae 路边青属 *Geum*）（图161）

【别名】水杨梅

【学名】*Geum aleppicum* Jacq.

【形态特征】多年生草本。须根簇生。茎直立，高可达1米。基生叶为大头羽状复叶，小叶大小极不相等。茎生叶羽状复叶。花序顶生，疏散排列；花瓣黄色，近圆形。聚合果倒卵球形，瘦果被长硬毛。花果期7~10月。

【分布区】分布于武陵县小董乡、沁源县交口镇、沁水县郑庄镇等地。

【生境】生长于山坡草地、沟边、河滩、林间。

【用途】根和茎可提制栲胶，也可入药，有行气止痛的功效；种子可制肥皂及油漆。

蛇莓（ 蔷薇科 Rosaceae 蛇莓属 *Duchesnea*）（图162）

【别名】蛇泡草 龙吐珠 三爪风

【学名】*Duchesnea indica* (Andr.) Focke

【形态特征】多年生草本。根茎短，粗壮。小叶片倒卵形至菱状长圆形。花单生于叶腋；花瓣倒卵形，黄色，先端圆钝。瘦果卵形，光滑或具不明显突起，鲜时有光泽。花期6~8月，果期8~10月。

【分布区】分布于沁河流域各县区。

【生境】生长于山坡、河岸、草地中。

【用途】可作为春季观花，夏季观果植物；全草作药用，具有散瘀消肿、收敛止血、清热解毒的功效。茎叶，捣敷治疗疮、蛇咬伤、烫伤、烧伤等。果实，煎服主治支气管炎。

图162 蛇莓

图163 地榆

地榆（蔷薇科 Rosaceae 地榆属 *Sanguisorba*）（图163）

【别名】黄爪香 玉札 山枣子

【学名】*Sanguisorba officinalis* L.

【形态特征】多年生草本。高可达1.2米。根粗壮，多呈纺锤形，表面棕褐色或紫褐色，有纵皱及横裂纹，横切面黄白或紫红色。茎直立，有棱，无毛或基部有稀疏腺毛。穗状花序椭圆形，直立，从花序顶端向下开放，花序梗光滑或偶有稀疏腺毛；苞片膜质；花丝丝状。果实包藏在宿存萼筒内，外面有斗棱。花果期7~10月。

【分布区】分布于沁河流域各县区。

【生境】生长于草甸、灌丛中及疏林下。

【用途】根入药，具有收敛止血的功效，外敷治烫伤；嫩叶可食，也作茶。

【植物文化】地榆，诸书皆言因其苦寒，则能入于下焦血分除热，俾热悉从下解。又言性沉而涩，凡人症患吐衄崩中肠风血痢等症，得此则能涩血不解。按此不无两歧，讵知其热不除，则血不止，其热既清，则血自安，且其性主收敛，既能清降，又能收涩，则清不虑其过泄，涩亦不虑其或滞，实力解热止血药也。

——黄宫绣《本草求真》

食谱推荐：

地榆粥——清热凉血

地榆猪肠汤——祛风止血

地榆槐花蜜饮——清热凉血、抗癌止血

地榆三七花汤——平肝降压

天南星（天南星科 Araceae 天南星属 *Arisaema*）（图164）

【学名】*Arisaema heterophyllum* Blume

【形态特征】多年生草本。块茎扁球形，顶部扁平。鳞芽膜质。叶柄圆柱形，粉绿色。叶片鸟足状分裂，倒披针形，基部楔形，暗绿色，背面淡绿色。佛焰苞管部圆柱形，粉绿色，内面绿白色。肉穗花序两性和雄花序单性；雌花球形，花柱明显，直立于基底胎座上；雄花具柄，白色。浆果黄红色、红色，圆柱形。种子黄色，具红色斑点。花期4~5月，果期7~9月。

图164a 天南星

图164b 天南星

【分布区】分布于沁源县沁河镇、交口镇，沁水县郑庄镇、苏庄乡、端氏镇，阳城县东冶镇、润城镇、白桑乡等地。

【生境】生于林下、灌丛或草地中。

【用途】块茎可制酒精，但有毒，不可食用；全草入药，主治面神经麻痹、半身不遂、小儿惊风、破伤风、癫痫等症。

反枝苋（苋科 Amaranthaceae 苋属 *Amaranthus*）（图165）

【学名】*Amaranthus retroflexus* L.

【形态特征】一年生草本。高可达1米；茎直立，粗壮，淡绿色，被短柔毛。叶片菱状卵形，顶端有小凸尖，基部楔形，全缘或波状缘；叶柄淡绿色，有柔毛。圆锥花序顶生及腋生，直立，由多数穗状花序形成；苞片及小苞片钻形，白色，背面有1龙骨状突起；花被片矩圆形，薄膜质，白色；雄蕊比花被片稍长。胞果扁卵形，环状横裂，薄膜质，淡绿色。种子近球形，棕色或黑色。花期7~8月，果期8~9月。

【分布区】沁河流域各县区均有分布。

【生境】生长于田园、路旁。

【用途】嫩茎叶可食，也可作为家畜饲料；全草作药用，主治尿血、腹泻、急性肠炎、痢疾、扁桃腺炎、痔疮肿痛出血等症。

图165 反枝苋

图166 水芹

水芹（伞形科 Umbelliferae 水芹属 *Oenanthe*）（图166）

【别名】水芹菜 野芹菜

【学名】*Oenanthe javanica* (Bl.) DC.

【形态特征】多年生草本。高一般为0.2米，茎直立或基部匍匐。基生叶有柄，基部有叶鞘。叶片轮廓三角形。复伞形花序顶生；花瓣白色，倒卵形。果实筒状长圆形。花期6~7月，果期8~9月。

【分布区】分布于沁河流域各县区。

【生境】生长于浅水低洼地或池沼地。

【用途】茎叶可食；全草及根入药，有退热解毒、利尿、止血和降压的功效。

蛇床（伞形科 Umbelliferae 蛇床属 *Cnidium*）（图167）

【学名】*Cnidium monnieri* (L.) Cuss.

【形态特征】一年生草本。高可达0.6米。根圆锥状，细长。茎直立或斜上，中空，表面具深条棱。下部叶具短柄，叶鞘短宽，边缘膜质，上部叶柄全部鞘状；叶片轮廓卵形至三角状卵形。复伞形花序；花瓣白色；花柱基略隆起。分生果长圆状。花期4~7月，果期6~10月。

【分布区】分布于沁河流域各县区。

【生境】生长于田边、草地及河边湿地中。

【用途】果实“蛇床子”入药，有燥湿、杀虫止痒、壮阳的功效，主治皮湿疹、阴道滴虫、肾虚阳痿等症。

图167 蛇床

【植物文化】南朝谢灵运的《山居赋》中“五华九实”的“九实”指连前实、槐实、柘实、兔丝实、女贞实、蛇床实、蔓荆实、蓼实。

葛缕子（伞形科 Umbelliferae 葛缕子属 *Carum*）（图168）

【学名】*Carum carvi* L.

【形态特征】多年生草本。高可达0.7米。根圆柱形，表皮棕褐色。茎单生。基生叶及茎下部叶的叶柄与叶片等长，叶片轮廓长圆状披针形，2~3回羽状分裂。小伞形花序，有花5~15朵，花杂性；花瓣白色或带淡红色；花柄不等长。果实长卵形，成熟后黄褐色，果棱明显。花果期5~8月。

【分布区】分布于沁水县、郑庄镇、苏庄乡，武陵县小董乡、木城镇、二铺营乡，沁源县交口镇等地。

图168 葛缕子

【生境】生长在河滩草丛中、林下或草甸中。

【用途】果实可提取挥发油，可制香味料，取挥发油后的残渣可作饲料，果实也可入药，具有祛风健胃、养肝、润肺、止喘的功效。

【植物文化】葛缕子长相像莳萝，味道如小茴香，有时不易辨别。在民间，葛缕子被看作是失物的克星，意思是说如果把葛缕子放在心爱的物品中，就可以保证永远拥有，不会丢失。当然，葛缕子有时也被当作忠贞的象征，寓意着有情人白头偕老、幸福美满。

马齿苋（马齿苋科 Portulacaceae 马齿苋属 *Portulaca*）（图169）

【别名】马苋 五行草 长命菜

【学名】*Portulaca oleracea* L.

【形态特征】一年生草本。茎平卧或斜倚，伏地铺散。叶互生，叶片扁平，肥厚，倒卵形。花无梗，3~5朵；花瓣5枚，黄色，倒卵形；花药黄色。蒴果卵球形，盖裂。种子细小，多数，偏斜球形，黑褐色，有光泽。花期5~8月，果期6~9月。

【分布区】沁河流域各县区均有分布。

【生境】生长于田间。

图169 马齿苋

【用途】也作野菜或饲料；全草入药，具有清热解毒的功效，可治菌痢。

赶山鞭（藤黄科 Guttiferae 金丝桃属 *Hypericum*）（图170）

【别名】小茶叶 小金钟

【学名】*Hypericum attenuatum* Choisy

【形态特征】多年生草本。根茎具发达的侧根及须根。茎数个丛生，直立，圆柱形。叶片卵状长圆形或卵状披针形，全缘，两面通常光滑。花序顶生，多花或有时少花，为近伞房状或圆锥花序；花瓣淡黄色，长圆状倒卵形。蒴果卵珠形或长圆状卵珠形。种子黄绿或浅棕色，圆柱形，两端钝形且具小尖突，两侧有龙骨状突起，表面有细蜂窝纹。花期7~8月，果期8~9月。

【分布区】分布于阳城市润城镇、东冶镇、白桑乡，沁水县端氏镇、嘉峰镇，沁阳市紫陵镇，武陵县西陶镇等地。

【生境】生于田野、半湿草地、山坡草地及林缘等处。

【用途】全草可代茶叶用，也可入药，主治跌打损伤。

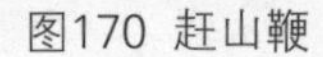

图170 赶山鞭

图171 水蓼

水蓼（蓼科 Polygonaceae 蓼属 *Polygonum*）（图171）

【别名】辣蓼

【学名】*Polygonum hydropiper* L.

【形态特征】一年生草本。茎直立，多分枝，无毛，节部膨大。叶披针形或椭圆状披针形，顶端渐尖，基部楔形，具辛辣味。总状花序呈穗状，顶生或腋生，通常下垂；花被5深裂，绿色。瘦果卵形，双凸镜状或具3棱，密被小点，黑褐色，无光泽。花期5~9月，果期6~10月。

【分布区】沁河流域各县区均有分布。

【生境】生长在沁河流域的河滩、水沟边。

【用途】茎、叶均可起到杀虫的作用；全草入药，主治湿滞内阻、脘闷腹痛、泄泻、痢疾等。

酸模叶蓼（蓼科 Polygonaceae 蓼属 *Polygonum*）（图172）

【别名】大马蓼

【学名】*Polygonum lapathifolium* L.

图172 酸模叶蓼

【形态特征】一年生草本。茎直立，无毛，节部膨大，具分枝。叶披针形或椭圆状披针形顶端渐尖，基部楔形，边缘全缘。总状花序呈穗状，顶生或腋生，通常下垂；花被淡红色或白色。瘦果宽卵形，双凹，黑褐色，无光泽。花期5~9月，果期6~10月。

【分布区】分布于沁河流域各县区。

【生境】生长于沁河流域的田边、水边和沟边。

【用途】全草入药，有清热解毒的功效。

华北大黄（蓼科 Polygonaceae 大黄属 *Rheum*）（图173）

【学名】*Rheum franzenbachii* Munt.

【形态特征】多年生草本。茎具细沟纹，粗糙。基生叶较大，叶片心状卵形，上面灰绿色，下面暗红色。大型圆锥花序，花黄白色。果实宽椭圆形。种子卵状椭圆形。花期6月，果期7月。

【分布区】分布于阳城县白桑乡、北留镇，泽州县李寨乡、南岭乡、山河镇，沁水县苏庄乡、端氏镇等地。

图173a 华北大黄

图173b 华北大黄

【生境】生于山坡或林缘处。

【用途】根入药，具有泻热通便、行瘀破滞的功效，主治经闭腹痛、大便热秘、湿热黄疸，外用治口疮糜烂、烫火伤。

水金凤(凤仙花科 Balsaminaceae 凤仙花属 *Impatiens*)（图174）

【别名】辉菜花

【学名】*Impatiens noli-tangere* Linn.

【形态特征】一年生草本。高可达0.7米。茎较粗壮，肉质，直立，上部多分枝，下部节常膨大。叶互生，叶片卵形或卵状椭圆形。花黄色，旗瓣圆形或近圆形，先端微凹，背面中肋具绿色鸡冠状突起，顶端具短喙尖，翼瓣无柄。蒴果线状圆柱形。种子多数，长圆球形，褐色，光滑。花期7~9月。

【分布区】分布于安泽县和川镇、马壁乡，沁水县郑庄镇、苏庄乡、端氏镇，阳城县润城镇、白桑乡等地。

【生境】生长在山坡林下、林缘草地或沟边。

【用途】全草入药，有理气和血、舒筋活络的功效。

图174 水金凤

图175 诸葛菜

诸葛菜（十字花科 Cruciferae 诸葛菜属 *Orychophragmus*）（图175）

【学名】*Orychophragmus violaceus* (L.) O. E. Schulz

【形态特征】一年或二年生草本。高可达0.5米。茎单一，直立，浅绿色或带紫色。基生叶及下部茎生叶大头羽状全裂，顶裂片近圆形或短卵形，基部心形，有钝齿；上部叶长圆形或窄卵形，基部耳状，抱茎。花紫色或浅红色；花萼筒状，紫色；花瓣宽倒卵形，密生细脉纹。长角果线形。种子卵形至长圆形，黑棕色，有纵条纹。花期4~5月，果期5~6月。

【分布区】分布于阳城县润城镇、白桑乡、东冶镇，沁源县沁河镇，泽州县山河镇等地。

【生境】生于山地或路旁。

【用途】嫩茎叶可食；种子可榨油。

离子芥（十字花科 Cruciferae离子芥属 *Chorispora*）（图176）

【别名】离子草

【学名】*Chorispora tenella* (Pall.) DC.

【形态特征】一年生草本。全株具稀疏单毛。根纤细，侧根很少。基生叶丛生，宽披针形，边缘具疏齿；茎生叶披针形，边缘具数对凹波状浅齿。总状花序疏展，果期延长，花淡紫色或淡蓝色；萼片披针形，具白色膜质边缘；花瓣顶端钝圆，下部具细爪。长角果圆柱形，略向上弯曲，具横节。种子长椭圆形，褐色。花果期4~8月。

图176 离子芥

【分布区】分布于沁河流域各县区。

【生境】生长在田边荒地、山坡草地中。

【用途】可作为赏花植物。

糖芥（十字花科 Cruciferae 糖芥属 *Erysimum*）（图177）

【学名】*Erysimum bungei* (Kitag.) Kitag.

图177a 糖芥

图177b 糖芥

【形态特征】一年或二年生草本。高可达0.7米。茎直立，不分枝或上部分枝，具棱角。叶披针形或长圆状线形，顶端急尖，基部渐狭，全缘。上部叶有短柄或无柄，基部近抱茎，边缘有波状齿。总状花序顶生，花多数；花瓣橘黄色，倒披针形。长角果线形，稍呈四棱形。种子每室1行，长圆形，侧扁，深红褐色。花期6~8月，果期7~9月。

【分布区】分布于阳城县润城镇、东冶镇，泽州县李寨乡、南岭乡，沁阳市紫陵镇等地。

【生境】生长在田边荒地、山坡上。

【用途】可栽培，作观赏植物；全草入药，具有利尿、健脾胃的功效。

豆瓣菜（十字花科 Cruciferae 豆瓣菜属 *Nasturtium*）（图178）

【别名】水生菜 水田芥

【学名】*Nasturtium officinale* R.Br.

【形态特征】多年生水生草本。茎匍匐或浮水生，多分枝。单数羽状复叶，小叶宽卵形或长圆形。总状花序顶生，花多数；花瓣白色，倒卵形，具脉纹。长角果圆柱形而扁。果柄纤细。种子卵形，红褐色，表面具网纹。花期4~5月，果期6~7月。

【分布区】分布于沁水县郑庄镇、苏庄乡、端氏镇、嘉峰镇，阳城县润城镇、白桑乡、东冶镇、北留镇等地。

【生境】生长于沼泽地或水沟边。

【用途】可作蔬菜；全草入药，具有清热利尿的功效。

图178 豆瓣菜

图179 风花菜

风花菜（十字花科 Cruciferae 蔊菜属 *Rorippa*）（图179）

【别名】球果蔊菜 圆果蔊菜 银条菜

【学名】*Rorippa globosa* (Turcz.) Hayek

【形态特征】一或二年生直立粗壮草本。高可达0.8米。茎单一，基部木质化。茎下部叶具柄，上部叶无柄，叶片长圆形或倒卵状披针形。总状花序多数，呈圆锥花序式排列，果期伸长；花小，黄色，具细梗，倒卵形。短角果实近球形，果瓣隆起，平滑无毛。种子多数，淡褐色，极细小，扁卵形。花期4~6月，果期7~9月。

【分布区】分布于安泽县冀氏镇、马壁乡，沁水县郑庄镇、苏庄乡、端氏镇、嘉峰镇等地。

【生境】生于河岸、沟边或路边草丛中。

【用途】嫩株可作饲料；全草可作药用，主治水肿、咽痛等；种子可食用，也可作肥皂。

鼠掌老鹳草（牻牛儿苗科 Geraniaceae 老鹳草属 *Geranium*）（图180）

【学名】*Geranium sibiricum* L.

图180　鼠掌老鹳草

【形态特征】一年生或多年生草本，高可达0.7米。直根，有时具分枝。茎纤细，仰卧或近直立，多分枝，具棱槽，被倒向疏柔毛。叶对生。花瓣倒卵形，淡紫色或白色，先端微凹或缺刻状，基部具短爪。蒴果被疏柔毛，果梗下垂。种子肾状椭圆形，黑色。花期6~7月，果期8~9月。

【分布区】分布于沁河流域各县区。

【生境】生长在林缘处、疏灌丛及河谷草甸中。

【用途】茎秆细，叶量多，为良好的饲料；全草还可入药，主治风湿症、跌打损伤、神经痛等疾病。

秃疮花（罂粟科 Papaveraceae 秃疮花属 *Dicranostigma*）（图181）

【别名】勒马回

【学名】*Dicranostigma leptopodum* (Maxim.) Fedde

【形态特征】多年生草本。全体含淡黄色液汁，被短柔毛。主根圆柱形。茎多，绿色，具粉。基生叶丛生，披针形，羽状深裂，表面绿色，背面灰绿色。聚伞花序生于茎和分枝先端，花1~5朵；萼片卵形；花瓣倒卵形，黄色；花丝丝状；花药长圆形。蒴果线形，绿色，无毛。种子卵珠形，红棕色，具网纹。花期3~5月，果期6~7月。

【分布区】分布于阳城县白桑乡、润城镇，泽州县李寨乡、南岭乡、

图181a 秃疮花

图181b 秃疮花

山河镇，武陟县小董乡、西陶镇等地。

【生境】生于山坡草地中及路旁。

【用途】根及全草可作药用，主治扁桃体炎、风火牙痛、咽喉痛、秃疮、疮疖疥癣、淋巴结核、痈疽。

白屈菜（罂粟科 Papaveraceae 白屈菜属 *Chelidonium*）（图182）

【别名】土黄连 断肠草

【学名】*Chelidonium majus* L.

【形态特征】多年生草本。高可达1米。主根粗壮，圆锥形，暗褐色。基生叶少，早凋落，叶片倒卵状长圆形或宽倒卵形。茎聚伞状多分枝。伞形花序，花多数；花芽卵圆形；花瓣倒卵形，黄色。蒴果狭圆柱形。种子卵形，暗褐色，具蜂窝状小格。花果期4~9月。

【分布区】分布于沁水县郑庄镇、苏庄乡、端氏镇，阳城县润城镇、白桑乡、东冶镇，泽州县山河镇等地。

【生境】生长于沁河流域的林缘草地中。

【用途】新鲜植株有毒，不可食用，可外敷；全草及根入药，主治劳伤瘀血、月经不调、通经等症。

图182 白屈菜

图183 野罂粟

野罂粟（罂粟科 Papaveraceae 罂粟属 *Papaver*）（图183）

【别名】野大烟

【学名】*Papaver nudicaule* L.

【形态特征】多年生草本。高可达0.6米。主根圆柱形。叶全部基生，叶片轮廓卵形至披针形，羽状浅裂或深裂或全裂。花单生于花葶先端；花蕾宽卵形至近球形，花瓣4枚，宽楔形或倒卵形，淡黄色或橙黄色；花丝黄色；花药长圆形，黄白色。蒴果狭倒卵形。种子多数，近肾形，褐色，表面具条纹和蜂窝小孔穴。花果期5~9月。

【分布区】分布于沁水县端氏镇、嘉峰镇，沁源县交口镇、沁河镇，阳城县东冶镇等地。

【生境】生长于沁河流域的林缘处和山坡草地中。

【用途】果实及全草可入药，有止咳、镇痛、止痢、凉血、定喘的功效，主治治神经性头痛、急慢性胃炎、胃溃疡、偏头痛、久咳、喘息、泻痢、便血、久咳、喘息、遗精、月经痛、白带、胃痛。

小灯心草（灯心草科 Juncaceae 灯心草属 *Juncus*）（图184）

【学名】*Juncus bufonius* L.

【形态特征】一年生草本。有较多细弱、浅褐色须根。茎丛生，直立或斜升，基部常红褐色。叶基生和茎生，叶片线形，扁平。花序呈二歧聚伞状，生于茎顶；花排列疏松，花被片披针形，白色。种子椭圆形，两端细尖，黄褐色，有纵纹。花期5~7月，果期6~9月。

【分布区】分布于沁源县沁河镇、武陵县西陶镇、泽州县李寨乡等地。

【生境】生于湿草地、河边、沼泽地中。

【用途】全草入药，主治热淋、小便涩痛、水肿等症。

图184 小灯心草

图185 岩败酱

岩败酱（败酱科 Valerianaceae 败酱属 *Patrinia*）（图185）

【学名】*Patrinia rupestris* (Pall.) Juss.

【形态特征】多年生草本。高可达1米。根状茎稍斜升，茎多数丛生。基生叶倒卵长圆形，羽状浅裂、深裂至全裂；茎生叶长圆形，羽状深裂至全裂。花密生，顶生伞房状聚伞花序；花冠黄色，漏斗状钟形；花药长圆形；花柱柱头盾头状。瘦果倒卵圆柱状。花期7~9月，果熟期8月~10月。

【分布区】分布于沁源县沁河镇、泽州县山河镇、沁水县苏庄乡等地。

【生境】生于杨桦林下或草甸中。

【用途】根或全草入药，具有清热、消肿、止血、抗癌的功效。

金鱼藻（金鱼藻科 Ceratophyllaceae 金鱼藻属 *Ceratophyllum*）（图186）

【别名】细草 软草

【学名】*Ceratophyllum demersum* L.

【形态特征】多年生沉水草本。茎平滑。叶4~12片，轮生，裂片丝状。花苞片浅绿色，透明。坚果宽椭圆形，黑色，平滑，边缘无翅。花期6~7月，果期8~10月。

【分布区】分布于沁水县端氏镇、嘉峰镇、苏庄乡，阳城县东冶镇、北留镇，沁阳市紫陵镇等地。

【生境】生长于沁河河水中。

【用途】可作鱼、猪的饲料；全草作药用，主治内伤吐血。

图186 金鱼藻

图187 眼子菜

眼子菜（眼子菜科 Potamogetonaceae 眼子菜属 *Potamogeton*）（图187）

【学名】*Potamogeton distinctus* A. Benn.

【形态特征】多年生水生草本。根茎发达，白色，多分枝。茎圆柱形。浮水叶革质，披针形或卵状披针形；叶脉多条，顶端连接；沉水叶披针形，草质；托叶膜质，呈鞘状抱茎。穗状花序顶生，开花时伸出水面，花后沉没水中；花小，绿色。花果期5~10月。

【分布区】分布于沁水县郑庄镇、苏庄乡，沁源县交口镇、沁河镇，武陟县小董乡、西陶镇、北郭乡等地。

【生境】生于水沟、水池等静水中。

【用途】全草入药，具有清热、解毒、消积、利尿的功效。

菹草（眼子菜科 Potamogetonaceae 眼子菜属 *Potamogeton*）（图188）

【学名】*Potamogeton crispus* L.

【形态特征】多年生沉水草本。根茎圆柱形。茎稍扁，多分枝。叶条形，无柄。穗状花序顶生，具花2~4轮；花序梗棒状，较茎细；花淡绿色，雌蕊4枚。果实卵形。花果期4~7月。

【分布区】分布于沁源县中峪乡、沁阳市紫陵镇、沁水县郑庄镇等地。

【生境】生于水沟及缓流河水中。

【用途】为草食性鱼类的良好饵料；全草入药，具有清热利湿、止

图188 菹草

图189 丹参

血、消肿的功效。

丹参（唇形科 Labiatae 鼠尾草属 *Salvia*）（图189）

【别名】大红袍 紫丹参

【学名】*Salvia miltiorrhiza* Bunge

【形态特征】多年生草本。根肉质，外面朱红色，内面白色。茎四棱形，具槽，密被长柔毛。叶常为奇数羽状复叶，卵圆形或宽披针形，边缘具圆齿，草质，两面被疏柔毛。轮伞花序顶生或腋生；苞片披针形；花萼钟形，带紫色，二唇形；花冠紫蓝色，冠筒外伸，冠檐二唇形；花盘前方稍膨大。小坚果黑色，椭圆形。花期4~8月，果期7~9月。

【分布区】分布于泽州县山河镇、沁源县沁河镇、阳城县润城镇和白桑乡等地。

【生境】生长于草坡或路旁。

【用途】根入药，主治腹痛、月经不调、子宫出血、贫血、关节炎等。

海州香薷（唇形科 Labiatae 香薷属 *Elsholtzia*）（图190）

【学名】*Elsholtzia splendens* Nakai

【形态特征】多年生草本。高可达0.5米。茎直立，污黄紫色。叶卵状三角形，卵状长圆形或披针形。穗状花序顶生；花萼钟形；花冠玫瑰红紫色，近漏斗形；雄蕊4枚；花柱超出雄蕊。小坚果长圆形，黑棕色。花果期9~11月。

图190 海州香薷

【分布区】分布于沁河流域各县区。

【生境】生长于山坡路旁或草

丛中。

【用途】全草入药，主治头痛、发热、恶寒、吐泻、水肿、脚气等。

夏至草（唇形科 Labiatae 夏至草属 *Lagopsis*）（图191）

【别名】白花夏枯 白花益母

【学名】*Lagopsis supine* (Steph.) lk.–Gal.

【形态特征】多年生草本。披散于地面或上升。主根圆锥形。茎高可达0.3米，四棱形，带紫红色，密被微柔毛。叶轮廓为圆形，叶片两面均绿色，上面疏生微柔毛。轮伞花序疏花，小苞片弯曲，被微柔毛；花萼管状钟形，外被微柔毛；花冠白色，外面被绵状长柔毛，内面被微柔毛，二唇形。小坚果长卵形，褐色，有鳞秕。花期3~4月，果期5~6月。

图191 夏至草

【分布区】分布于沁河流域各县区。

【生境】生长于路旁、旷地上。

【用途】全草入药，可养血调经，主治贫血性头晕、半身不遂、月经不调。

益母草（ 唇形科 Labiatae 益母草属 *Leonurus*）（图192）

【别名】玉米草 异叶益母草

【学名】*Leonurus artemisia* (Laur.) S. Y. Hu

【形态特征】一年生或二年生草本。茎直立，高可达1米，钝四棱形，常分枝，被短柔毛。叶轮廓变化很大，茎下部叶轮廓为卵形。轮伞花

图192a 益母草

图192b 益母草

序腋生，具8~15朵花，轮廓为圆球形。花萼管状钟形，外密被伏柔毛；花冠粉红至淡紫红色，外面于伸出萼筒部分被柔毛；雄蕊4枚，花丝中部被白色长柔毛。小坚果长圆状三棱形，淡褐色，光滑。花期通常在6~9月，果期9~10月。

【分布区】分布于沁河流域各县区。

【生境】生长于田边、荒地向阳处。

【用途】全草入药，具有调经活血、清热利尿的功效，多用于妇科病；种子入药，主治眼病。益母草泡红枣：此汤药具有温经养血、去瘀止痛的功效。

黄芩 (唇形科 Labiatae 黄芩属 *Scutellaria*)（图193）

【别名】香水水草

【学名】*Scutellaria baicalensis* Georgi

【形态特征】多年生草本。根茎肥厚，肉质，伸长而分枝。茎基部伏地，钝四棱形，绿色或带紫色，自基部多分枝。叶坚纸质，披针形至线状披针形，上面暗绿色，下面色较淡。花序在茎及枝上顶生，总状；花冠紫、紫红至蓝色；冠筒近基部明显膝曲；冠檐上唇盔状，下唇中裂片三角

图193a 黄芩

图193b 黄芩

状卵圆形。小坚果卵球形，黑褐色。花期7~8月，果期8~9月。

【分布区】分布于阳城县白桑乡、东冶镇、北留镇，沁水县郑庄镇、苏庄乡，沁源县交口镇、沁河镇、中峪乡，安泽县和川镇等地。

【生境】生长于向阳草坡地及荒地中。

【用途】根状茎可作药用，具有清热消炎的功效；茎可代茶，称芩茶。

香青兰（唇形科 Labiatae 青兰属 *Dracocephalum*）（图194）

【别名】青蓝

【学名】*Dracocephalum moldavica* L.

【形态特征】一年生草本。高可达0.4米。直根圆柱形。茎数个，直立或渐升，中部以下具分枝。基生叶卵圆状三角形，下部茎生叶与基生叶近似。轮伞花序生长于茎或分枝上部；苞片长圆形；花萼被金黄色腺点及短毛；花冠淡蓝紫色；雄蕊微伸出，花丝无毛。小坚果长圆形，顶平截，光滑。茎叶种子均

图194 香青兰

具香味。

【分布区】分布于沁水县端氏镇、嘉峰镇，安泽县和川镇、府城镇等地。

【生境】生长于干燥山地、山谷及河滩多石处。

【用途】全株含芳香油，可用于化妆品及食品中；新鲜茎叶可食，用于拌凉菜，干茎叶及种子可作芳香剂；全草入药，主治食物中毒、胃肝热、胃出血、巴木病等。

薄荷 (唇形科 Labiatae 薄荷属 *Mentha*)（图195）

【别名】野薄荷 南薄荷 夜息香

【学名】*Mentha haplocalys* Briq.

【形态特征】多年生草本。茎直立，多分枝，锐四棱形，四槽。叶片长圆状披针形、披针形或卵状披针形。轮伞花序腋生，轮廓球形。花萼管状钟形；花冠淡紫，外面略被微柔毛；雄蕊4枚；花丝丝状；花药卵圆形。花盘平顶。小坚果卵珠形，黄褐色，具小腺窝。花期7~9月，果期10月。

【分布区】沁河流域各县区均有分布。

【生境】生长于溪边、河边潮湿地。

【用途】含油芳香油，为轻工业、医药方面的重要原料；茎叶可食；全草入药，主治目赤痛、头痛、感冒发热、皮肤风疹、麻疹不透等症。

【植物文化】传说，冥王哈迪斯爱上了美丽的精灵曼茜、冥王的妻子佩瑟芬妮因嫉妒就将曼茜变成了一株不起眼的小草，任

图195 薄荷

人踩踏。曼茜虽然变成了小草，但她身上却神奇地拥有了沁人心脾的芳香，被更多的人所喜爱，这种小草就是薄荷，故薄荷的花语是“活出自我”“希望”。

北水苦荬（玄参科 Scrophulariaceae 婆婆纳属 *Veronica*）（图196）

【学名】*Veronica anagallis-aquatica* L.

【形态特征】多年生草本。根茎斜走。茎直立或基部倾斜。叶无柄，多为椭圆形，全缘或有疏而小的锯齿。花序比叶长；花梗与苞片近等长；花萼裂片卵状披针形，急尖；花冠浅蓝色、浅紫色或白色，裂片宽卵形。蒴果近圆形。花期4~9月。

图196 北水苦荬

【分布区】分布于沁水县苏庄乡、端氏镇，阳城县东冶镇、润城镇，武陟县西陶镇、阳城乡等地。

【生境】生长于水边或沼泽中。

【用途】幼苗可食；果实可入药，主治跌打损伤。

水蔓菁（玄参科 Scrophulariaceae 婆婆纳属 *Veronica*）（图197）

【学名】*Veronica linariifolia* Pall. ex Link subsp. *dilatata* (Nakai et Kitagawa) Hong

【形态特征】多年生草本。根状茎较短。茎直立。叶对生，叶片宽条形或卵圆形，两面无毛。总状花序，长穗状；花梗被柔毛；花冠蓝色或紫色；花丝无毛。蒴果，卵球形。种子卵形。花期6~7月，果期7~9月。

图197a 水蔓青

图197b 水蔓青

【分布区】分布于沁水县郑庄镇、嘉峰镇、端氏镇，沁源县中峪乡、沁河镇，泽州县小董乡、山河镇等地。

【生境】生于草甸或灌丛中。

【用途】叶可入药，具有清热、润肺、止咳、化痰的功效。

穗花马先蒿（玄参科 Scrophulariaceae 马先蒿属 *Pedicularis*）（图198）

【学名】*Pedicularis spicata* Pall.

【形态特征】一年生草本。根圆锥形，木质化。茎不分枝或上部多分枝。叶片椭圆状长圆形，两面被毛，羽状深裂，边多反卷。穗状花序生于茎枝之端；萼短而钟形；花冠红色。蒴果狭卵形，近端处突然斜下，斜截形，端有刺尖；种子脐点明显凹陷，背面宽而圆，两个腹面狭而多少凹陷。花期7~9月，果8~10月。

【分布区】分布于沁源县沁河镇、泽州县山河镇、沁水县端氏镇等地。

【生境】生于溪流边或灌丛中。

【用途】已有研究表明，可用其提取物制作杀虫剂。

图198 穗花马先蒿

图199 地黄

地黄（玄参科 Scrophulariaceae 地黄属 *Rehmannia*）（图199）

【别名】生地 怀庆地黄 酒盅花

【学名】*Rehmannia glutinosa* (Gaetn.) Libosch. ex Fisch. et Mey.

【形态特征】多年生草本。高一般为0.1~0.3米。密被灰白色多细胞长柔毛和腺毛。根茎肉质，鲜时黄色。叶通常在茎基部集成莲座状，叶片卵形至长椭圆形，上面绿色，下面略带紫色或成紫红色。花在茎顶部略排列成总状花序；萼密被多细胞长柔毛和白色长毛，萼齿5枚；花冠筒外面紫红色。蒴果卵形至长卵形。花果期4~7月。

【分布区】分布于沁河流域各县区。

【生境】生长于沙质壤土、荒山坡、墙边、路旁等处。

【用途】可作观赏植物；根茎含水苏糖、辛醇、多种氨基酸、β-谷兹醇、甘露醇、地黄甙A、B、C等，鲜时入药，具有清热凉血、润燥生津的功效；加工后入药，具有清热养阴、凉血止血的功效。

【植物文化】在民间，地黄常被叫作酒盅花，因花托与花萼相连处味酸甜，品之如酒而得名。

地黄，《经》只言干、生二种，不言熟者，如血虚劳热，产后虚热，老人中虚燥热，须地黄者，若与生、干，常虑大寒，如此之类，故后世改用熟者。

——寇宗奭《本草衍义》

柳兰（柳叶菜科 Onagraceae 柳叶菜属 *Epilobium*）（图200）

【学名】*Epilobium angustifolium* L.

【形态特征】多年生草本。根状茎匍匐于表土层，木质化。茎不分枝或上部分枝，圆柱状。叶螺旋状互生，无柄，披针状长圆形，褐色，上面绿色，两面无毛，边缘近全缘，稍微反卷。花序总状；花在芽时下垂，到开放时直立展开；花蕾倒卵状；子房淡红色；萼片紫红色；花药长圆形，初期红色，开裂时变紫红色。种子狭倒卵状，具短喙，褐色。花期6~9

图200a 柳兰

图200b 柳兰

月，果期8~10月。

【分布区】分布于武陵县小董乡、阳城乡，阳城县润城镇、东冶镇，泽州县李寨乡、南岭乡等地。

【生境】生长在河滩朝湿处、湿润草坡及灌丛中。

【用途】为火烧迹地的先锋植物，也为蜜源植物；嫩苗可食用；根状茎入药，主治跌打损伤。

柳叶菜（柳叶菜科 Onagraceae 柳叶菜属 *Epilobium*）（图201）

【别名】水朝阳花 鸡脚参

【学名】*Epilobium hirsutum* L.

【形态特征】多年生草本。有时近基部木质化，茎上疏生鳞片状叶。叶草质，对生，茎上部互生。总状花序直立，花蕾卵状长圆形；花瓣常玫瑰红色，或紫红色，宽倒心形。蒴果被毛。种子倒卵状，顶端具很短的喙，深褐色。花期6~8月，果期7~9月。

图201 柳叶菜

【分布区】分布于沁水县苏庄乡、郑庄镇、端氏镇，沁阳市紫陵镇，武陵县小董乡、阳城乡等地。

【生境】生长在溪流河床沙地或沟边向阳朝湿处。

【用途】可作为观赏植物；全草及根状茎入药，有小毒，具活血、调经、消肿止痛、活血止血、生肌的功效；全株含鞣质，可提取栲胶；嫩苗嫩叶可食，可作色拉凉菜；花入药，具有清热消炎、调经止带、止痛的功效，主治牙痛、急性结膜炎、咽喉炎、月经不调、白带过多。

【植物文化】在制作柳叶菜盆景时，可在其花序形成前摘心，促使每个侧枝顶端形成花序，不仅可以降低植株的高度，而且还增大了开花量，有效改善了观赏性能。

瞿麦（石竹科 Caryophyllaceae 石竹属 *Dianthus*）（图202）

【学名】*Dianthus superbus* L.

图202a 瞿麦

图202b 瞿麦

【形态特征】多年生草本。茎丛生，直立，绿色，有黏液。叶片线状披针形，顶端锐尖，中脉特显，基部合生成鞘状，绿色。花1或2朵生枝端；花瓣片宽倒卵形，边缘裂至中部，淡红色或带紫色。蒴果圆筒形，与宿存萼等长或微长。种子扁卵圆形，黑色，有光泽。花期6~9月，果期8~10月。

【分布区】分布于安泽县冀氏镇、府城镇，沁水县郑庄镇、苏庄乡、端氏镇等地。

【生境】生长于山地疏林下。

【用途】有一定的观赏价值；全草入药，具有通经、利尿的功效。

【植物文化】瞿麦是如何保护自己的?

瞿麦茎上有黏液，此种黏汁的作用是保护茎上部的花，当昆虫沿茎向上时，会被黏住无法行进，上部的花朵便免于受害，这是瞿麦自我保护的一种策略。

麦瓶草（石竹科 Caryophyllaceae 蝇子草属 *Silene*）（图203）

【别名】米瓦罐

【学名】*Silene conoidea* L.

【形态特征】一年生草本。高可达0.6米。全株被短腺毛。根为主根系。茎直立，不分枝。基生叶叶片匙形，茎生叶叶片长圆形或披针形，基部楔形，顶端渐尖，中脉明显。二歧聚伞花序，具数花；花直立；花萼圆锥形，绿色，基部脐形，果期膨大，具纵脉；花瓣枚红色，爪不露出花萼，狭披针形；瓣片倒卵形。蒴果梨状。种子肾形，暗褐色。花期5~6月，果期6~7月。

图203 麦瓶草

【分布区】分布于沁水县端氏镇、嘉峰镇，安泽县和川镇、府城镇、冀氏镇，沁源县沁河镇等地。

【生境】生长于麦田或荒地中。

【用途】幼苗可当野菜食用；全草或嫩茎叶入药，主治虚劳咳嗽、咯血、月经不调。

蝇子草（石竹科 Caryophyllaceae 蝇子草属 *Silene*）（图204）

【别名】白花蝇子草

【学名】*Silene gallica* Linn.

【形态特征】一年生草本。全株被柔毛。茎单生，直立。叶片长圆状匙形。单歧式总状花序；苞片披针形，草质；花萼卵形；花瓣淡红色至白色，爪倒披针形，瓣片露出花萼。蒴果长圆形，比宿存萼短。种子圆肾形，深褐色。花期5~6月，果期6~7月。

图204 蝇子草

【分布区】分布于安泽县冀氏

镇、马壁乡，沁源县沁河镇、交口镇，沁水县郑庄镇等地。

【生境】公园、庭院中多栽培。

【用途】可作观赏植物；根、叶可药用，主治痢疾、肠炎，外用治蝮蛇咬伤、扭挫伤等。

石生蝇子草（石竹科 Caryophyllaceae 蝇子草属 *Silene*）（图205）

【别名】石生麦瓶草 山女娄菜

【学名】*Silene tatarinowii* Regel

【形态特征】多年生草本。全株被短柔毛。根圆柱形，黄白色。叶片披针形或卵状披针形，稀卵形。二歧聚伞花序疏松；苞片披针形，草质；花萼筒状棒形，纵脉绿色；花瓣白色，无毛，瓣片倒卵形。蒴果卵形或狭卵形，比宿存萼短。种子肾形，红褐色至灰褐色，脊圆钝。花期7~8月，果期8~10月。

【分布区】分布于沁水县苏庄乡、端氏镇，武陟县三阳乡、小董乡、西陶镇、大虹桥乡等地。

【生境】生长于沁河沿岸的灌丛中或疏林下。

【用途】可作岩石覆盖植物；全草入药，主治身热口干、舌绛或红等症。

图205a 石生蝇子草

图205b 石生蝇子草

长蕊石头花（石竹科 Caryophyllaceae 石头花属 *Gypsophila*）（图206）

【别名】霞草

【学名】*Gypsophila oldhamiana* Miq.

【形态特征】多年生草本。高可达1米。根粗壮，木质化，淡褐色。老茎红紫色。叶片近革质，长圆形。伞房状聚伞花序，顶生或腋生；苞片卵状披针形；花萼钟形；花瓣粉红色，倒卵形；雄蕊长于花瓣。蒴果卵球形。种子近肾形，灰褐色，具条状凸起。花期6~9月，果期8~10月。

【分布区】分布于沁水县苏庄乡、嘉峰镇，阳城县白桑乡、东冶镇、北留镇，沁阳市紫陵镇等地。

【生境】生长于灌丛中或山坡草地中。

【用途】可作观赏植物；根作药用，有清热凉血、化腐生肌长骨、消肿止痛的功效，其水浸剂，可防治蚜虫、红蜘蛛、地老虎等，还可洗涤丝织品；全草可作饲料。

图206a 长蕊石头花

图206b 长蕊石头花

大火草（毛茛科 Ranunculaceae 银莲花属 *Anemone*）（图207）

【别名】野棉花 大头翁

【学名】*Anemone tomentosa* (Maxim.) Pei

【形态特征】多年生草本。高可达1.5米。基生叶3~4片，三出复叶，中央小叶有长柄，小叶片卵形。聚伞花序；萼片淡粉红色或白色，倒卵形或宽椭圆形；子房密被绒毛，柱头斜。聚合果球形，瘦果有细柄，被绵毛。花期7~10月。

【分布区】分布于沁河流域各县区。

【生境】生长于山坡草地河边乱石中或路边。

【用途】可作为园林观花植物；根茎供药用，主治痢疾等症，同时还具有抗肿瘤、抗衰老、杀虫的作用，也可作小儿驱虫药；茎可作绳子；种子可榨油，种子毛可作填充物。

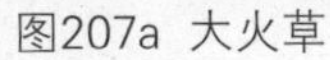

图207a 大火草

图207b 大火草

翠雀（毛茛科 Ranunculaceae 翠雀属 *Delphinium*）（图208）

【别名】鸽子花 百部草

【学名】*Delphinium grandiflorum* L.

【形态特征】多年生草本。基生叶和茎下部叶有长柄。叶片圆五角形，三全裂，中央全裂片近菱形。总状花序，有3~15朵花。花瓣蓝色，无毛，顶端圆形，下方有一个长距。蓇葖直。种子倒卵状四面体形。花期

5~10月。

【分布区】分布于沁水县郑庄镇、苏庄乡、端氏镇，沁源县沁河镇、中峪乡等地。

【生境】生长于山坡草地中。

【用途】为观花植物；根入药，可治牙痛；茎叶浸汁可杀虫。

【植物文化】翠雀的花蜜藏于长长的距中，只有具有长喙的昆虫才可以采集到，这种结构是毛茛科植物适应昆虫传粉行为进化而成的，用以保证异花传粉的效果。翠雀的花语是“清静、轻盈、正义、自由”。

图208 翠雀

金莲花（毛茛科 Ranunculaceae 金莲花属 *Trollius*）（图209）

【学名】*Trollius chinensis* Bunge

【形态特征】一年或多年生草本。茎不分枝。基生叶有长柄；叶片五角形，基部心形，三全裂。茎生叶似基生叶，下部具长柄，上部具短柄或无柄。花单独顶生或2~3朵组成稀疏的聚伞花序；苞片三裂；萼片金黄色；花瓣黄色。蓇葖具稍明显的脉网；种子近倒卵球形，黑色，光滑，具4~5棱角。花期6~7月，果期8~9月。

【分布区】分布于泽州县李寨乡、南岭乡，沁源县交口镇、沁河镇，沁水县郑庄镇、苏庄乡等地。

【生境】生长于山坡草地或疏林下。

【用途】可作盆景；花入药，具有清热解毒、养肝明目的功效，主治慢性扁桃体炎、上呼吸道感染、口疮、中耳炎等，与菊花、甘草合用，主治急性中耳炎、急性淋巴管炎、急性结膜炎等症。

图209a 金莲花

图209b 金莲花

【植物文化】古往今来，金莲花有“塞外龙井”的美称，因其功效独特深受人们喜爱，故有“宁品三朵花，不饮二两茶”之说。

金莲花的美容之效，在康熙笔下是这样的：

迢递从沙漠，孤根待品题。
清香指槛入，正色与心齐。
磊落安山北，参差鹫岭西。
炎风曾避暑，高洁少人跻。

金莲花的“金莲映日”之美，在康熙笔下是这样的：

正色山川秀，金莲出五台。
塞北无梅竹，炎天映日开。

在乾隆笔下是这样的：

塞外黄花恰似金钉钉地。

华北耧斗菜（毛茛科 Ranunculaceae 耧斗菜属 *Aquilegia*）（图210）

【别名】五铃花

【学名】*Aquilegia yabeana* Kitag.

【形态特征】根圆柱形。茎高可达0.6米，有稀疏短柔毛，上部分枝。基生叶数个，一或二回三出复叶。小叶菱状倒卵形。花下垂，花瓣紫色，

图210a 华北耧斗菜

图210b 华北耧斗菜

下方有一个长距。蓇葖长，隆起的脉网明显。种子黑色，狭卵球形。花期5~6月。

【分布区】分布于沁阳市紫陵镇，沁水县郑庄镇、苏庄乡、端氏镇，武陟县小董乡、西陶镇等地。

【生境】生长于山坡草地或林边。

【用途】可栽培观赏；根可作饴糖或酿酒；种子含油，可供工业用；全草入药，可治疗月经不调。

瓣蕊唐松草 (毛茛科 Ranunculaceae 唐松草属 *Thalictrum*)（图211）

【学名】*Thalictrum petaloideum* L.

【形态特征】多年生草本。基生叶数个，有短或稍长柄，为三至四回三出羽状复叶。小叶草质，形状变异很大，顶生小叶倒卵形或宽倒卵形，基部圆楔形或楔形，三浅裂至三深裂，裂片全缘。花序伞房状，有少数或多数花；萼片4片，白色；雄蕊多数，花药狭长圆形花丝上部倒披针形。瘦果卵形，有8条纵肋。花期6~7月。

【分布区】分布于沁河流域各县区。

【生境】生长于山坡草地中。

图211a 瓣蕊唐松草

图211b 瓣蕊唐松草

【用途】可作绿化观赏植物；根含小檗碱，可作黄连代用品，有清热、燥湿、解毒的功效，主治黄疸型肝炎、腹泻、痢疾等。

草芍药（毛茛科 Ranunculaceae 芍药属 *Paeonia*）（图212）

【别名】山芍药 野芍药

【学名】*Paeonia obovata* Maxim.

【形态特征】多年生草本。根粗壮，长圆柱形。顶生小叶倒卵形或宽椭圆形；茎下部叶为二回三出复叶。单花顶生；萼片淡绿色；花瓣6枚，红色或白色；花丝淡红色；花药长圆形。蓇葖卵圆形，成熟时果皮反卷呈

图212a 草芍药

图212b 草芍药

红色。花期5~6月，果期9月。

【分布区】分布于阳城县润城镇、白桑乡、东冶镇，泽州县南岭乡、山河镇，沁水县苏庄乡等地。

【生境】生长于沁河流域的山坡草地中。

【用途】根药用，有活血化瘀、凉血止痛的功效。

【保护级别】《中国物种红色名录》（2004）收录植物，易危 VU A2c。

乌头（毛茛科 Ranunculaceae 乌头属 *Aconitum*）（图213）

【学名】*Aconitum carmichaeli* Debx.

【形态特征】多年生草本。块根倒圆锥形。茎下部叶在开花时枯萎。叶片纸质，五角形。顶生总状花序；下部苞片三裂；萼片蓝紫色，上萼片高盔形；花瓣无毛，蓝紫色，微凹，距拳卷。蓇葖长圆形；种子三棱形，只在二面密生横膜翅。花期9~10月。

【分布区】分布于沁水县苏庄乡、端氏镇、嘉峰镇，阳城县东冶镇、北留镇，沁阳市紫陵镇等地。

【生境】生长于沁河沿岸的多石处和林缘草地中。

图213a 乌头

图213b 乌头

【用途】根入药，主治精神不振、脚气、四肢厥逆等。

牛扁（毛茛科 Ranunculaceae 乌头属 *Aconitum*）（图214）

【别名】细叶黄乌头

【学名】*Aconitum barbatum* Pers. var. *puberulum* Ledeb.

【形态特征】多年生草本。根近直立，圆柱形。基生叶2~4片；叶片肾形或圆肾形，三全裂；叶柄基部具鞘。顶生总状花序，轴及花梗密被短柔毛；萼片黄色；花瓣无毛；花丝全缘。蓇葖被短毛。种子倒卵球形，褐色，密生横狭翅。花期7~8月。

【分布区】分布于沁水县端氏镇、苏庄乡，武陟县西陶镇、大虹桥乡、三阳乡、阳城乡等地。

【生境】生长于沁河沿岸的多石处和林缘草地中。

【用途】根，味苦，可入药，有止咳、化痰、平喘、止痛的功效；茎叶入药，主治皮疮。

【植物文化】牛扁的花序长而粗壮，生有几十朵黄白色戴盔帽的小花，但它全草均有毒，所以只能观赏，不要随便采摘，以免毒液流入口、眼而受到伤害。

图214a 牛扁

图214b 牛扁

秦艽 (龙胆科 Gentianaceae 龙胆属 *Gentiana*)（图215）

【别名】秦纠 秦爪 秦胶

【学名】*Gentiana macrophylla* Pall.

【形态特征】多年生草本。高可达0.6米。枝少数丛生，直立或斜升，黄绿色或有时上部带紫红色，近圆形。莲座丛叶卵状椭圆形或狭椭圆形。花多数，无花梗，簇生枝顶呈头状或腋生作轮状；花萼筒膜质，黄绿色；花冠筒部黄绿色，冠澹蓝色或蓝紫色，壶形；花丝钻形。蒴果内藏或先端外露，卵状椭圆形。种子红褐色，矩圆形。花果期7~10月。

【分布区】分布于沁源县交口镇、安泽县和川镇、沁水县嘉峰镇和苏庄乡等地。

【生境】生长于河滩、水沟边、山坡草地中、林下及林缘处。

【用途】根入药，具有清热利尿、舒筋止痛的功效。

【植物文化】秦艽，手足不遂，黄疸，烦渴之病须之，取其去阳明之湿热也。阳明有湿，则身体酸疼烦热，有热则日哺潮热骨蒸。

——李时珍《本草纲目》

图215a 秦艽

图215b 秦艽

肋柱花（龙胆科 Gentianaceae 肋柱花属 *Lomatogonium*）（图216）

【学名】*Lomatogonium carinthiacum* (Wulf.) Reichb.

【形态特征】一年生草本。茎带紫色，自下部多分枝，斜升。基生叶早落，莲座状，叶片匙形，基部狭缩成柄；茎生叶无柄，披针形，基部钝。聚伞花序生分枝顶端；花梗斜上升；花冠蓝色，裂片椭圆形，先端急尖，腺窝管形；花丝线形；花药蓝色，矩圆形。蒴果无柄，圆柱形；种子褐色，近圆形。花果期8~10月。

【分布区】分布于沁源县交口镇、沁河镇、中峪乡，沁水县郑庄镇、端氏镇等地。

【生境】生长于河滩草地或山坡草地中。

【用途】全草入药，主治发热、头痛、黄疸、肝炎等。

图216 肋柱花

莛子藨（忍冬科 Caprifoliaceae 莛子藨属 *Triosteum*）（图217）

【别名】羽裂叶莛子藨

【学名】*Triosteum pinnatifidum* Maxim.

【形态特征】多年生草本。茎开花时顶部生分枝1对，高可达0.6米，

图217a 莛子藨

图217b 莛子藨

中空。叶羽状深裂，基部楔形至宽楔形，近无柄，上面浅绿色密，背面黄白色。聚伞花序对生，各具3朵花，无总花梗；萼筒被刚毛；花冠黄绿色，狭钟状。果癸卵圆，肉质；核3枚，扁，亮黑色。种子凸平，腹面具2条槽。花期5~6月，果期8~9月。

【分布区】分布于沁水县郑庄镇、苏庄乡、端氏镇，阳城县润城镇、白桑乡，武陟县小董乡、西陶镇等地。

【生境】生长于山坡针叶林下或沟边向阳处。

【用途】根可供药用，主治消化不良、跌打损伤、月经不调等；叶作药用，主治刀伤。

泽泻（泽泻科 Alismataceae 泽泻属 *Alisma*）（图218）

【学名】*Alisma plantago-aquatica* Linn.

【形态特征】多年生水生或沼生草本。沉水叶条形或披针形；挺水叶宽披针形或椭圆形。花两性；外轮花被片广卵形，白色或粉红色；花托平凸，近圆形；花药黄色或淡绿色。瘦果椭圆形，或近矩圆形，果喙自腹侧伸出。种子紫褐色，具凸起。花果期5~10月。

图218a 泽泻

图218b 泽泻

【分布区】分布于沁水县苏庄乡、端氏镇，阳城县白桑乡、东冶镇，武陟县小董乡、三阳乡等地。

【生境】生于溪流、河边的浅水带、沼泽及低洼湿地。

【用途】花期长，可作观花植物；花也可入药，主治肾盂肾炎、肾炎水肿、肠炎泄泻、小便不利等症。

青杞（茄科 Solanaceae 茄属 *Solanum*）（图219）

【别名】枸杞子 野茄子

图219a 青杞

图219b 青杞

【学名】*Solanum septemlobum* Bunge

【形态特征】多年生直立草本。茎具棱角。叶互生，卵形，基部楔形。二歧聚伞花序，顶生或腋外生；花冠青紫色；花柱丝状，绿色。浆果近球状，熟时红色。种子扁圆形。花期6~8月，果期9~10月。

【分布区】分布于沁源县交口镇、沁河镇、中峪乡，安泽县和川镇、府城镇，沁水县端氏镇、嘉峰镇，沁阳市紫陵镇，武陵县小董乡等地。

【生境】生长于向阳山坡上。

【用途】全株有毒，但可药用，具有清热解毒的功效。

天仙子（茄科 Solanaceae 天仙子属 *Hyoscyamus*）（图220）

【别名】莨菪 牙痛草 马铃草

【学名】*Hyoscyamus niger* L.

【形态特征】二年生草本。高可达1米。全株被粘性腺毛。根较粗壮。一年生的茎极短，自根茎发出莲座状叶丛，卵状披针形。茎生叶卵形或三角状卵形，顶端钝或渐尖。总状花序，花在茎中部以下单生长于叶腋；花萼筒状钟形；花冠钟状，黄色而脉纹紫堇色；雄蕊稍伸出花冠。种子近圆盘形，淡黄棕色。花果期6~8月。

【分布区】分布于沁水县郑庄镇、苏庄乡、端氏镇，安泽县和川镇、府城镇等地。

【生境】生长于山坡、路旁及河岸沙地上。

【用途】根、叶、种子可药用，有止痛的功效，也可作止咳药或麻醉药；种子可制肥皂。

【植物文化】据记载，天仙子是致幻植物中的佼佼者，其致幻部位是种子。

多食令人狂走。久服轻身，走及奔马，强志，益力，通神。

——《神农本草经》

图220 天仙子

图221 酸浆

酸浆（茄科 Solanaceae 酸浆属 *Physalis*）（图221）

【别名】红姑娘 挂金灯

【学名】*Physalis alkekengi* L.

【形态特征】多年生草本。基部常匍匐生根。茎高可达0.8米，基部略带木质。叶长卵形、阔卵形或菱状卵形。花萼阔钟状；花冠辐状，白色。果萼卵状，薄革质，网脉显著，橙色或火红色，顶端闭合，基部凹陷；浆果球状，橙红色，柔软多汁。种子肾脏形，淡黄色。花期5~9月，果期6~10月。

【分布区】分布于沁河流域各县区。

【生境】生长于空旷地或山坡上。

【用途】可作盆景；果枝可作干花；果，可食，也可制成沙拉，作药用，可治疗再生障碍性贫血；全株可入药，有清热、解毒、降压、利尿的功效，主治急性扁桃体炎、热咳、咽痛、音哑、小便不利和水肿等病。

【植物文化】酸浆，今天下皆有之。苗如天茄子，开小白花，结青壳，熟则深红，壳中子大如樱，亦红色，樱中复有细子，如落苏之子，食之有青草气。此即苦耽也。

——寇宗奭《本草衍义》

狼毒（大戟科 Euphorbiaceae 大戟属 *Euphorbia*）（图222）

【学名】*Euphorbia fischeriana* Steud.

【形态特征】多年生草本。高可达0.5米。根茎木质，粗壮，圆柱形，不分枝或分枝，表面棕色，内面淡黄色。茎直立，丛生，纤细，绿色，无毛，草质，基部木质化。叶散生，薄纸质，披针形。头状花序，顶生；花白色或浅粉色或黄色，芳香；总苞片绿色叶状。果实圆锥形，上部或顶部有灰白色柔毛，为宿存的花萼筒所包围。种皮膜质，淡紫色。花期4~6月，果期7~9月。

【分布区】分布于泽州县李寨乡、山河镇，阳城县白桑乡、东冶镇，沁阳市紫陵镇等地。

【生境】生长在向阳的草坡或河滩上。

【用途】毒性较大，可作农药；根入药，有祛风、治疾的功效，外敷能治疥疮；茎皮可造纸。

图222a 狼毒

图222b 狼毒

甘遂（大戟科 Euphorbiaceae 大戟属 *Euphorbia*）（图223）

【别名】主田 重泽

【学名】*Euphorbia kansui* T. N. Liou ex S. B. Ho

【形态特征】多年生草本。根圆柱状，末端呈念珠状膨大。茎自基部多分枝。叶互生，线状披针形或线状椭圆形，基部渐狭，全缘；侧脉羽状。花序单生于二歧分枝顶端，基部具短柄；花黄色。蒴果三棱状球形，种子长球状，灰褐色。花期4~6月，果期6~8月。

【分布区】分布于泽州县南岭乡、李寨乡，阳城县东冶镇、北留镇，沁阳市紫陵镇等地。

【生境】生于荒坡、沙地、田边或路旁。

【用途】全株有毒，但根可入药，具有利尿、消肿的功效。

图223 甘遂

铁苋菜（大戟科 Euphorbiaceae 铁苋菜属 *Acalypha*）（图224）

【别名】蚌壳草

【学名】*Acalypha australis* L.

【形态特征】一年生草本。高可达0.5米。小枝细长，具柔毛。叶膜质，长卵形阔披针形。雌雄花同序，花序腋生。子房具疏毛。蒴果果皮具疏生毛和毛基变厚的小瘤体。种子近卵状，种皮平滑，假种阜细长。花果

图224a 铁苋菜

图224b 铁苋菜

期4~12月。

【分布区】分布于沁河流域各县区。

【生境】生于山坡上、较湿润的耕地和空旷草地中。

【用途】全草可入药，主治赤白痢疾、伤寒咳嗽。

桔梗（桔梗科 Campanulaceae 桔梗属 *Platycodon*）（图225）

【别名】铃当花

【学名】*Platycodon grandiflorus* (Jacq.) A. DC.

【形态特征】多年生草本。茎高可达1米，一般不分枝。叶全部轮生，叶片卵形至披针形，边缘具细锯齿。花单朵顶生或数朵集成圆锥花序；花冠大，蓝色或紫色。蒴果球状。花期7~9月。

【分布区】分布于沁水县郑庄镇、苏庄乡、端氏镇、嘉峰镇，沁源县交口镇、沁河镇，武陟县西陶镇、北郭乡等地。

【生境】多生长于灌丛中，少量生长于林下。

【用途】根入药，具有消炎、祛痰、止咳、润肺、排脓的功效。

【保护级别】山西省重点保护野生植物。

【植物文化】桔梗花秀丽大方，清幽淡雅，象征着年轻人勇于追求梦

图225a 桔梗

图225b 桔梗

想，努力拼搏，无怨无悔，所以桔梗花的花语是“追梦无悔”。

此草之根结实而梗直，故名桔梗。

——李时珍《本草纲目》

紫斑风铃草（桔梗科 Campanulaceae 风铃草属 *Campanula*）（图226）

【别名】灯笼花 吊钟花

【学名】*Campanula punctata* Lam.

【形态特征】多年生草本。全株被刚毛，具细长而横走的根状茎。茎直立，粗壮。基生叶具长柄，叶片心状卵形。茎生叶下部的有带翅的长柄。花顶生长于主茎及分枝顶端，下垂；花萼裂片长三角形；花冠白色，带紫斑，筒状钟形。蒴果半球状倒锥形，脉很明显。种子灰褐色，矩圆状。花期6~9月。

【分布区】分布于沁源县交口镇、沁河镇，安泽县和川镇、府城镇、冀氏镇、马壁乡，沁水县郑庄镇、苏庄乡等地。

【生境】生长于山地林中、灌丛及草地中。

【用途】花冠钟形，犹如铃铛，极为美观，可作为赏花植物；全草入药，可清热解毒，治疗咽炎。

【植物文化】花朵犹如风铃，这是桔梗科风铃草属家族的共同特征。

图226a 紫斑风铃草

图226b 紫斑风铃草

图226c 紫斑风铃草

在英国，由于风铃草属植物的花朵像天主教坎特伯雷寺院朝圣者手摇的铜铃，因此人们把它称为“坎特伯雷之钟”。紫斑风铃草的花语是“永远的等待、感谢”。

多歧沙参（桔梗科 Campanulaceae 沙参属 *Adenophora*）（图227）

【学名】*Adenophora wawreana* Zahlbr.

【形态特征】多年生草本。根粗大。茎单支。基生叶心形；茎生叶具柄，叶片卵状披针形，基部浅心形，边缘具多枚整齐或不整齐尖锯齿。花序为大圆锥花序，花序分枝长而多；花梗短而细或粗；花萼无毛，筒部球状倒卵形；花冠宽钟状，蓝紫色。蒴果宽椭圆状。种子棕黄色，矩圆状，有一条宽棱。花期7~9月。

【分布区】分布于沁源县沁河镇、中峪乡，武陟县三阳乡、阳城乡，沁阳市紫陵镇等地。

【生境】生长于阴坡草丛或灌木林中、疏林下或砾石中。

【用途】根作药用，具有养阴润肺、化痰止咳、益胃生津的功效。

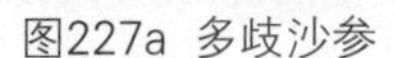

图227a 多歧沙参

图227b 多歧沙参

图228a 石沙参

图228b 石沙参

石沙参（桔梗科 Campanulaceae 沙参属 *Adenophora*）（图228）

【学名】*Adenophora polyantha* Nakai

【形态特征】多年生草本。根萝卜状。茎一至数支发自一条茎基上，无毛或有各种疏密程度的短毛。基生叶叶片心状肾形，边缘具不规则粗锯齿；茎生叶完全无柄，披针形。花序常不分枝而成假总状花序；花梗短；花萼通常各式被毛；花冠紫色或深蓝色，钟状。蒴果卵状椭圆形。种子黄棕色，卵状椭圆形，稍扁。花期8~10月。

【分布区】分布于泽州县李寨乡、南岭乡、山河镇，阳城县润城镇、北留镇，武陟县小董乡、西陶镇等地。

【生境】生长于阳坡草地中。

【用途】根入药，具有祛痰、润肺、清热、养胃的功效。

长柱沙参（桔梗科 Campanulaceae 沙参属 *Adenophora*）（图229）

【学名】*Adenophora stenanthina* (Ledeb.) Kitagawa

【形态特征】多年生草本。茎常数支丛生，高可达1.2米。基生叶心形，边缘有深刻而不规则的锯齿；茎生叶从丝条状到宽椭圆形或卵形。花序无分枝，因而呈假总状花序或有分枝而集成圆锥花序；花萼无毛，筒部倒卵状或倒卵状矩圆形；花冠小，近于筒状，浅蓝色、蓝色、蓝紫色。蒴果狭椭圆状。花期8~9月。

【分布区】分布于安泽县和川镇、府城镇，沁水县郑庄镇、苏庄乡、端氏镇，泽州县李寨乡、南岭乡等地。

【生境】生长于沙地、山坡草地及耕地边。

【用途】根入药，有清热养阴、润肺止咳的功效，主治百日咳、气管炎、肺热咳嗽、咯痰黄稠等。

图229 长柱沙参

沙参（桔梗科 Campanulaceae 沙参属 *Adenophora*）（图230）

【学名】*Adenophora stricta* Miq.

【形态特征】多年生草本。茎不分枝，高可达0.8米。基生叶心形；茎生叶椭圆形。花序常不分枝而成假总状花序。花冠宽钟状，蓝色或紫色或白色，三角状卵形；花盘短筒状。蒴果狭椭圆状。种子棕黄色。花期8~10月。

【分布区】分布于安泽县和川镇、府城镇，沁水县端氏镇、嘉峰镇，沁阳市紫陵镇等地。

【生境】生长于山坡草地及林缘处。

【用途】全草入药，具有滋补、祛寒热、清肺止咳的功效，主治头痛、心脾痛、妇女白带；根，苦味，沸水煮后，可食用。

【植物文化】沙参处处山原有之。二月生苗，叶如初生小葵叶而团扁不光。八九月抽茎，高一二尺。茎上之叶则尖长如枸杞叶而小，有细齿。秋月叶间开小紫花，长二三分，状如铃铎，五出，白蕊，亦有白花春。并结实，大如冬青实，中有细子。霜后苗枯。

——李时珍《本草纲目》

图230a 沙参

图230b 沙参

鹤虱（紫草科 Boraginaceae 鹤虱属 *Lappula*）（图231）

【学名】*Lappula myosotis* V. Wolf

【形态特征】一年生或二年生草本。茎直立，被白色糙毛。基生叶长圆状匙形，全缘两面密被有白色基盘的长糙毛。花序在花期短，果期伸长；苞片线形；花萼5深裂，有毛；花冠淡蓝色，漏斗状至钟状，喉部附属物梯形。小坚果卵状，有颗粒状疣突，腹面具棘状突起。花果期6~9月。

【分布区】分布于沁源县交口镇、沁河镇，沁水县苏庄乡、郑庄镇、

图231a 鹤虱

图231b 鹤虱

端氏镇，武陟县西陶镇、大虹桥乡等地。

【生境】生长于山坡草地中。

【用途】果实入药，具有消炎、解毒、健脾的功效。

细叶鸢尾（鸢尾科 Iridaceae 鸢尾属 *Iris*）（图232）

【别名】老牛拽 细叶马蔺 丝叶马蔺

【学名】*Iris tenuifolia* Pall.

【形态特征】多年生草本。根状茎块状，短而硬，木质，黑褐色。叶质地坚韧，丝状或狭条形。苞片4枚，披针形；花蓝紫色；花梗细；外花被裂片匙形，内花被裂片倒披针形；花丝与花药近等长。蒴果倒卵形，顶端有短喙，成熟时沿室背自上而下开裂。花期4~5月，果期8~9月。

图232 细叶鸢尾

【分布区】分布于沁水县郑庄镇、苏庄乡、端氏镇，阳城县白桑乡、东冶镇、北留镇，沁阳市紫陵镇等地。

【生境】生于固定沙丘或沙质地上。

【用途】可作庭院观花、观叶植物；根、种子与花入药，有安胎养血的功效；叶可制绳索。

马蔺（鸢尾科 Iridaceae 鸢尾属 *Iris*）（图233）

【学名】*Iris lactea* Pall. var. *chinensis* (Fisch.) Koidz.

【形态特征】多年生密丛草本。根状茎木质，斜伸；须根粗而长，黄白色。叶基生，灰绿色，条形或狭剑形，顶端渐尖，基部鞘状，带红

图233a 马蔺

图233b 马蔺

紫色。花茎光滑；苞片草质，绿色，边缘白色，披针形；花淡紫色；花被管甚短；花药黄色，花丝白色；子房纺锤形。蒴果长椭圆状柱形，顶端有短喙。种子为不规则的多面体，棕褐色，略有光泽。花期5~6月，果期 6~9月。

【分布区】分布于沁河流域各县区。

【生境】生长于山谷、河滩多石处。

【用途】可作为绿化、水土保持和改良盐碱土的植物；叶可作饲料，也可造纸；根可制刷子；花和种子入药，具有避孕的功效。

【植物文化】据记载，在我国的大西北罗布泊无人区，强干旱，风沙肆虐，几乎没有植物可以生存，但马蔺却顽强地生长着，创造着生命的奇迹，故马蔺的花语是“顽强、坚韧”。

唐菖蒲（鸢尾科 Iridaceae 唐菖蒲属 *Gladiolus*）（图234）

【学名】*Gladiolus gandavensis* Vaniot Houtt

【形态特征】多年生草本。球茎扁圆球形。叶基生或在花茎基部互生。花茎直立，花茎下部生有数枚互生的叶。顶生穗状花序。花在苞内单生，两侧对称，有红、黄、白或粉红等色。花药条形，红紫色或深紫色，花丝白色。蒴果椭圆形或倒卵形。种子扁而有翅。花期7~9月，果期

图234a 唐菖蒲

图234b 唐菖蒲

8~10月。

【分布区】分布于沁水县郑庄镇、苏庄乡、端氏镇，泽州县南岭乡、山河镇，沁阳市紫陵镇等地。

【生境】各区县有栽培。

【用途】为重要的观赏花卉；球茎，味苦，入药，具有清热解毒的功效，用于治疗腮腺炎及跌打损伤等；茎叶中还可以提取维生素C。

【植物文化】切花唐菖蒲与月季、康乃馨和扶郎花被誉为“世界四大切花”。唐菖蒲的花语是“用心、坚固、长寿”。

蒲公英（菊科 Compositae 蒲公英属 *Taraxacum*）（图235）

【别名】蒙古蒲公英 婆婆丁

【学名】*Taraxacum mongolicum* Hand.–Mazz.

【形态特征】多年生草本。根圆柱状，黑褐色，粗壮。叶倒卵状披针形或长圆状披针形。头状花序；总苞钟状，绿色；舌状花黄色；花药和柱头暗绿色。瘦果倒卵状披针形，暗褐色；冠毛白色。花期4~9月，果期5~10月。

【分布区】广布于沁河流域各县区。

【生境】生于山坡草地、路边、庭院、田野等地。

图235a 蒲公英

图235b 蒲公英

【用途】叶、花蕾、根均可食，具有降压、提神的功效；全草入药，有清热解毒、利尿散结的功效。

【植物文化】

弃落荒坡依旧发，无花名分胜名花。
休言无用低俗贱，宴款高朋色味佳。
飘似舞，絮如纱，秋来志趣向天涯。
献身喜作医人药，无意芳名遍万家。

——左河水《思佳客·蒲公英》

天，瓦蓝瓦蓝
梦，清亮清亮
绿色的世界
采一瓣心香，与你
携握一束芬芳

十六岁，如花的年纪
梦想，是栀子花瓣闪着荧光
翩翩飞羽，薄如蝉翼
奔跑，想要超越太阳

闭上眼，许下愿望

阳光透过指缝，化作天使

一对洒金的翅膀

心，是一洼水塘

蒲公英的梦，潜滋暗长

不惧风雨，飞翔，飞翔…

——文蕙《清风，吹开蒲公英的梦》

旋覆花（菊科 Compositae 旋覆花属 *Inula*）（图236）

【别名】金佛花 六月菊

【学名】*Inula japonica* Thunb.

【形态特征】多年生草本。根状茎短。茎单生。基部叶常较小，在花期枯萎；中部叶长圆形，长圆状披针形或披针形；上部叶渐狭小，线状披针形。头状花序；花序梗细长；总苞半球形；外层基部革质，上部叶质；内层除绿色中脉外干膜质；舌状花黄色，花蕊也为黄色。瘦果圆柱形。花期6~10月，果期9~11月。

【分布区】分布于沁河流域各县区。

【生境】生于山坡路旁、河岸和田埂上。

图236 旋覆花

图237a 驴欺口

图237b 驴欺口

【用途】可作为观花植物；根叶入药，有平喘镇咳、健胃祛痰的功效。

驴欺口（菊科 Compositae 蓝刺头属 *Echinops*）（图237）

【别名】蓝刺头

【学名】*Echinops latifolius* Tausch.

【形态特征】多年生草本。高可达0.6米。茎直立。基生叶与下部茎叶椭圆形、长椭圆形或披针状椭圆形，通常有长叶柄。上部茎叶羽状半裂或浅裂，无柄。全部茎叶质地薄，纸质，两面异色。复头状花序单生茎顶或茎生2~3个复头状花序；小花蓝色；花冠裂片线形。瘦果被冠毛，冠毛量杯状。花果期6~9月。

【分布区】分布于沁源县交口镇、沁河镇，沁水县苏庄乡、端氏镇，武陟县木城镇、大虹桥乡、三阳乡等地。

【生境】生于山坡草地及山坡疏林下。

【用途】根入药，有清热解毒、消肿、通乳的功效。

橐吾（菊科 Compositae 橐吾属 *Ligularia*）（图238）

【学名】*Ligularia sibirica* (L.) Cass.

【形态特征】多年生草本。根肉质，细而多。茎直立。丛生叶和茎下部叶具柄，基部鞘状，叶片卵状心形或三角状心形，先端圆形，边缘具整齐的细齿，叶脉掌状；茎中部叶与下部者同形，鞘膨大；最上部叶仅有叶

图238a 橐吾

图238b 橐吾

鞘。总状花序密集；苞片卵形，全缘或有齿；头状花序辐射状；小苞片狭披针形；总苞宽钟形，有时紫红色。舌状花黄色；管状花多数。瘦果长圆形。花果期7~10月。

【分布区】分布于沁水县郑庄镇、苏庄乡、端氏镇、嘉峰镇等地。

【生境】生于山坡上、林缘处、河边及沼泽地上。

【用途】叶可入药，主治气逆、急性支气管炎、咳嗽等；根状茎也可入药，主治肺痨。

漏芦（菊科 Compositae 漏芦属 *Stemmacantha*）（图239）

【别名】祁州漏芦 老虎爪 郎头花

【学名】*Stemmacantha uniflora* (L.) Dittrich

【形态特征】多年生草本。高可达1米。根状茎粗厚。全部叶质地柔软，两面灰白色。叶柄灰白色。总苞半球形；全部苞片顶端有膜质附属物，附属物宽卵形；全部小花两性，管状；花冠紫红色。瘦果楔状，顶端有果缘。冠毛褐色，多层，不等长；冠毛刚毛糙毛状。花果期4~9月。

【分布区】分布于沁水县郑庄镇、苏庄乡，安泽县和川镇、府城镇，阳城县润城镇、东冶镇等地。

图239 漏芦

【生境】生于山坡丘陵地、松林下或桦木林下。

【用途】根及根状茎，味苦咸，入药，有清热、解毒、消肿、排脓、通乳的功效，主治骨节疼痛、乳痈、乳汁不下等症。

【植物文化】在民间有这样一个谜语：

破屋更遭连夜雨。

你能猜出它的谜底吗?

黄花蒿（菊科 Compositae 蒿属 *Artemisia*）（图240）

【别名】草蒿 青蒿 臭蒿

【学名】*Artemisia annua* Linn.

【形态特征】一年生草本。植株有浓烈的挥发性香气。根单生，垂直，狭纺锤形。茎单生，多分枝，高可达2米，有纵棱，幼时绿色，老时褐色。叶纸质，绿色；茎下部叶宽卵形或三角状卵形。头状花序球形，多数；总苞片3~4层；花深黄色，雌花10~18朵，花冠狭管状；两性花10~30朵；花药线形。瘦果小，椭圆状卵形，略扁。花果期8~11月。

【分布区】广布于沁河流域各县区。

【生境】生长于干河谷、半荒漠及沙质坡地上等。

【用途】其所含的青蒿素为倍半萜内脂化合物，为抗疟的主要有效成分，治各种类型疟疾，具速效、低毒的优点，对恶性疟及脑疟尤佳。此外，黄花蒿作药用，还具有清热、解暑、截疟、凉血、利尿、健胃、止盗汗用的功效，亦可作外用药。

【植物文化】古本草书记述的“草蒿”（神农本草经）及“青蒿”（除花色淡青、淡黄色者外）与“黄花蒿”

图240 黄花蒿

（本草纲目）无异，中药习称“青蒿”，而植物学通称为“黄花蒿”，该种在不同生态环境中生长，其体态略有变异。

我国药学家、中国中医研究院终身研究员兼首席研究员、青蒿素研究开发中心主任，屠呦呦于1971年首先从黄花蒿中发现抗疟有效提取物，1972年分离出新型结构的抗疟有效成分青蒿素，1979年获国家发明奖二等奖，2011年9月获得被誉为诺贝尔奖“风向标”的拉斯克奖，2015年10月因发现青蒿素治疗疟疾的新疗法获诺贝尔生理学或医学奖。屠呦呦是第一位获得诺贝尔科学奖项的中国本土科学家、第一位获得诺贝尔生理医学奖的华人科学家。多年从事中药和中西药结合研究，突出贡献是创制新型抗疟药——青蒿素和双氢青蒿素。

红足蒿（菊科 Compositae 蒿属 *Artemisia*）（图241）

【别名】小香艾

【学名】*Artemisia rubripes* Nakai

【形态特征】多年生草本。主根细长。根状茎细，匍地或斜向上。茎少数或单生，基部红色，上部褐色或红色；中部以上分枝。叶纸质，上面无毛，绿色，背面除中脉外密被灰白色蛛丝状绒毛；茎下部叶近圆形，二回羽状全裂或深裂，花期叶凋谢；中部叶卵形或宽卵形，一至二回羽状分裂；上部叶椭圆形，羽状全裂；苞片叶小。头状花序小，椭圆状卵形，具小苞叶；总苞片3层，外层卵形，中层总苞片长卵形，内层总苞片长卵形；雌花9~10朵，花冠狭管状，花柱长，伸出花冠外；两性花12~14朵，紫红色或黄色，花药线形。瘦果小，狭

图241 红足蒿

卵形，略扁。花果期8~10月。

【分布区】分布于沁源县沁河镇、中峪乡，安泽县和川镇、冀氏镇，沁水县苏庄乡、端氏镇等地。

【生境】生长于荒地、灌丛下或林缘处。

【用途】全草入药，具有驱寒、止血、温经的功效。

苍耳（菊科 Compositae 苍耳属 *Xanthium*）（图242）

【别名】苍耳子

【学名】*Xanthium sibiricum* Patrin ex Widder

【形态特征】一年生草本。高可达0.8米。根纺锤状，分枝或不分枝。叶三角状卵形或心形。雄性的头状花序球形；总苞片长圆状披针形，花托柱状，花冠钟形；雌性的头状花序椭圆形，外层总苞片披针形，内层总苞片宽卵形，绿色。瘦果2颗，具钩状刺，倒卵形。花期7~8月，果期9~10月。

【分布区】广布于沁河流域各县区。

【生境】常生长于丘陵、荒野路边、田边。

【用途】种子含油，可制油漆，也可作为制造油墨及肥皂的原料，还可药用，具散风祛湿、止痛、止痒、通鼻窍的功效；根入药，主治痢疾、高血压、缠喉风等症；茎入药，主治头晕、麻风、湿痹拘挛等；花入药，主治白癞顽癣、白痢等；茎皮可作麻绳、麻袋等。

【植物文化】苍耳给我们的启发：

图242 苍耳

1948年，乔治·德·梅斯特拉尔（瑞士）在给狗狗清理时，发现苍耳的纤维与狗毛是交叉在一起的，难以清除，乔治由此产生灵感，于是世界上第一个尼龙搭扣最终在梅斯特拉尔手上诞生了。7年之后，乔治·德·梅斯特拉尔为自己的这种搭扣申请了专利，此后这种搭扣就被广泛运用于服装和鞋子上。

小蓬草（菊科 Compositae 白酒草属 *Conyza*）（图243）

【学名】*Conyza canadensis* (L.) Cronq.

【形态特征】一年生草本。根纺锤状。茎直立，圆柱状，有条纹。叶密集，基部叶花期常枯萎，下部叶倒披针形。头状花序多数；总苞近圆柱状，绿色；雌花白色，两性花淡黄色。瘦果线状披针形。花期5~9月。

图243 小蓬草

【分布区】分布于沁水县端氏镇、嘉峰镇，阳城县白桑乡、东冶镇、北留镇，泽州县南岭乡、山河镇等地。

【生境】生长于荒地或田边。

【用途】茎、叶可作猪饲料；全草入药，主治水肿、胆囊炎等症。

鼠麴草（菊科 Compositae 鼠麴草属 *Gnaphalium*）（图244）

【学名】*Gnaphalium affine* D. Don

【形态特征】一年生草本。茎直立。叶无柄，匙状倒披针形，基部渐狭，顶端圆，具刺尖头，两面被白色棉毛，叶脉1条在下面不明显。伞房花序生枝顶，花黄色至淡黄色；总苞钟形；总苞片金黄色，膜质，有光泽；花托中央稍凹入，无毛；雌花多数，花冠细管状。瘦果倒卵形，有乳头状突起。冠毛粗糙，污白色，易脱落。花期1~4月，8~11月。

【分布区】分布于沁源县沁河镇、交口镇，沁水县苏庄乡、端氏镇、郑庄镇，泽州县李寨乡、南岭乡，沁阳市紫陵镇等地。

图244 鼠麹草

【生境】生长于林下或潮湿草地中。

【用途】茎、叶入药，具有止咳、祛痰、降压的功效。

鬼针草（菊科 Compositae 鬼针草属 *Bidens*）（图245）

【别名】三叶鬼针草 虾钳草 蟹钳草

【学名】*Bidens pilosa* L.

【形态特征】一年生草本。茎直立，高可达1米，钝四棱形。茎下部叶较小。头状花序。总苞基部被短柔毛，条状匙形，草质；无舌状花，盘花筒状。瘦果黑色，条形，略扁，上部具稀疏瘤状突起及刚毛，顶端芒刺3~4枚，具倒刺毛。

【分布区】广布于沁河流域各县区。

【生境】生长于路边及荒地中。

图245 鬼针草

【用途】全草入药，主治咽喉肿痛、胃肠炎、急性阑尾炎、上呼吸道感染、急性黄疸型肝炎等症。

魁蓟（菊科 Compositae 蓟属 *Cirsium*）（图246）

【学名】*Cirsium leo* Nakai et Kitag.

【形态特征】多年生草本。高可达1米。根直伸，粗壮。茎直立，单生或少数茎成簇生。基部和下部茎叶全形长椭圆形。侧裂片半圆形、半椭圆形。全部叶两面同为绿色。总苞片8层，镊合状排列。小花紫色或红色。瘦果灰黑色，偏斜椭圆形。冠毛污白色，多层。花果期5~9月。

【分布区】广布于沁河流域各县区。

【生境】生长于山谷、林缘、河滩、河旁或路边潮湿地及田间。

【用途】全草入药，具有凉血、止血、祛瘀、消肿的功效。

图246a 魁蓟

图246b 魁蓟

狗娃花（菊科 Compositae 狗娃花属 *Heteropappus*）（图247）

【学名】*Heteropappus hispidus* (Thunb.) Less.

【形态特征】一或二年生草本。根为纺锤状。茎单生，被上曲或开展的粗毛，下部常脱毛，有分枝。基部及下部叶在花期枯萎，倒卵形。总苞半球形；舌状花约30个；舌片浅红色或白色，条状矩圆形；冠毛在舌状花极短，白色，膜片状。在管状花糙毛状，初白色，后带红色，与花冠近等长。花期7~9月，果期8~9月。

【分布区】广布于沁河流域各县区。

【生境】生于荒地、路旁、林缘及草地上。

【用途】根入药，可解毒消肿，用于疮肿、蛇咬伤。

图247 狗娃花

图248 兔儿伞

兔儿伞（菊科 Compositae　兔儿伞属 *Syneilesis*）（图248）

【学名】*Syneilesis aconitifolia* (Bge.) Maxim.

【形态特征】多年生草本。根状茎横走，茎直立，不分枝，紫褐色，具纵肋。下部叶具长柄；叶片盾状圆形，掌状深裂；裂片7~9，初时反折呈闭伞状，后开展成伞状，上面淡绿色，下面灰色；基部抱茎。头状花序多数，在茎端密集成复伞房状；总苞筒状；小花花冠淡粉白色，檐部窄钟状，5裂；花药紫色。瘦果圆柱形；冠毛污白色或变红色。花期6~7月，果期8~10月。

【分布区】分布于沁源县交口镇、沁河镇，沁水县郑庄镇、苏庄乡、端氏镇，阳城县白桑乡、东冶镇，沁阳市紫陵镇等地。

【生境】生于路旁或林缘处。

【用途】全草入药，主治跌打损伤。

风毛菊（菊科 Compositae 风毛菊属 *Saussurea*）（图249）

【学名】*Saussurea japonica* (Thunb.) DC.

【形态特征】二年生草本。高可达1米。根倒圆锥状或纺锤形，黑褐色。茎直立，被短毛。基生叶与下部茎叶有叶柄。头状花序多数，在茎枝顶端排成伞房状或伞房圆锥花序，有小花梗；总苞圆柱状，被白色稀疏的蛛丝状毛；总苞片6层，外层长卵形，紫红色，中层与内层倒披针形或线形；小花紫色。瘦果深褐色，圆柱形。冠毛白色。花果期6~11月。

【分布区】分布于沁河流域各县区。

【生境】生于山坡路旁、山谷、林下或灌丛中。

【用途】全草入药，能祛风活络、散瘀止痛，主治风湿关节痛、腰腿痛、跌打损伤、感冒头痛等。

图249a 风毛菊

图249b 风毛菊

紫苞风毛菊（菊科 Compositae 风毛菊属 *Saussurea*）（图250）

【学名】*Saussurea purpurascens* Y. L.

【形态特征】多年生草本。根状茎斜生。茎直立，被柔毛。叶莲座状，条形，顶端急尖，具小刺尖，边缘稍反卷，上面绿色，下面除中脉外密被白色绒毛。头状花序单生；总苞宽钟形，总苞片4层，外层卵状披针形，革质，紫红色，内层条形，干膜质，淡绿色；花紫红色；花药蓝色，尾部撕裂。瘦果圆柱形，无横皱纹，暗褐色；冠毛淡褐色。

【分布区】分布于沁源县中峪乡、沁河镇，沁水县嘉峰镇、郑庄镇，阳城县润城镇、白桑乡、东冶镇等地。

【生境】生于山坡灌丛中。

【用途】茎叶可作家畜饲料。

图250a 紫苞风毛菊

图250b 紫苞风毛菊

火绒草（菊科 Compositae 火绒草属 *Leontopodium*）（图251）

【别名】火绒蒿

【学名】*Leontopodium leontopodioides* (Willd.) Beauv.

【形态特征】多年生草本。花茎直立，高一般为0.1~0.4米。苞叶少数，较上部叶稍短，较宽，长圆形或线形。总苞半球形，被白色棉毛；总苞片约4层，无色或褐色；小花雌雄异株，稀同株；雄花花冠狭漏斗状；雌花花冠丝状，冠毛白色；雄花有锯齿或毛状齿。瘦果有乳头状突起或密粗毛。花果期7~10月。

图251 火绒草

【分布区】分布于泽州县李寨乡、南岭乡，以及沁河入黄口武陵县小董乡、西陶镇等地。

【生境】生于干旱草地、黄土坡地上。

【用途】全草入药，有清热凉血、利尿的功效。

【植物文化】火绒草因植株含水少、易燃烧而得名。

火绒草是奥地利的国花，象征着勇敢。

牛蒡（菊科 Compositae 牛蒡属 *Arctium*）（图252）

【别名】大力子 东洋参

【学名】*Arctium lappa* L.

【形态特征】二年生草本。直根肉质。茎直立，紫红色，分枝斜生。基生叶宽卵形，基部心形，两面异色，上面绿色，下面灰白色或淡绿色，叶柄灰白色。茎生叶与基生叶同形。头状花序多数在茎枝顶端排成疏松的圆锥状伞房花序；总苞卵形，总苞片多层，外层三角

图252a 牛蒡

图252b 牛蒡

状，中内层披针状；小花紫红色。瘦果倒长卵形，两侧压扁，浅褐色，具深褐色的色斑。冠毛多层，浅褐色；冠毛刚毛糙毛状。花果期6~9月。

【分布区】广布于沁河流域各县区。

【生境】生于山谷、林缘处及灌丛中。

【用途】果实入药，具有宜肺透疹、祛风散热、散结解毒的功效；根入药，有清热解毒、疏风利咽的功效；茎叶和果实含油，可作工业原料；全株入药，可以降三高，而且全株蛋白质和钙的含量为根茎类之首。

甘菊（菊科 Compositae 菊属 *Dendranthema*）（图253）

【别名】岩香菊

【学名】*Dendranthema lavandulifolium* (Fisch. ex Trautv.) Ling & Shih

【形态特征】多年生草本。高可达1.5米，有地下匍匐茎。茎直立，自中部以上多分枝或仅上部伞房状花序分枝。基部和下部叶花期脱落。中部茎叶卵形、宽卵形或椭圆状卵形。最上部的叶或接花序下部的叶羽裂、3裂或不裂。头状花序顶生；总苞碟形；舌状花黄色，舌片椭圆形，端全缘或具2~3个不明显的齿裂。瘦果约为1毫米。花果期5~11月。

【分布区】广布于沁河流域各县区。

【生境】生长于岩石上，河谷、荒地中。

图253a 甘菊

图253b 甘菊

【用途】花入药，也可与冰糖同饮，有清热祛湿、消除眼睛疲劳、润肺、养生、明目、降压、提神、增强记忆力、降低胆固醇的功效。

【植物文化】甘菊，昔人谓其能除风热，益肝补阴，盖不知其尤多能益金、水二脏也，补水所以制火，益金所以平木，木平则风息，火降则热除，用治诸风头目，其旨深微。

——朱震亨《本草衍义补遗》

小红菊（菊科 Compositae 菊属 *Dendranthema*）（图254）

【学名】*Dendranthema chanetii* (Levl.) Shih

【形态特征】多年生草本。高可达0.6米。有地下匍匐根状茎。茎直立或基部弯曲，自基部或中部分枝。全部茎枝有稀疏的毛。中部茎叶肾形或宽卵形，上部茎叶椭圆形。在茎枝顶端排成疏松伞房花序；舌状花白色或粉红色，顶端2~3齿裂。瘦果顶端斜截，下部收窄。花果期7~10月。

【分布区】分布于沁河流域各县区。

【生境】生长于灌丛中、河边湿地及山坡草地中。

【用途】花序入药，具有清热、解毒、消肿的功效，主治外感风热、咽喉痛、疮疡肿毒。

【植物文化】小红菊的花语是“内心冰冷，外表似火”。

图254a 小红菊

图254b 小红菊

野菊（菊科 Compositae 菊属 *Dendranthema*）（图255）

【学名】*Dendranthema indicum* (L.) Des Moul.

【形态特征】多年生草本。高可达1米。具地下长或短匍匐茎。茎直立或铺散。茎枝被稀疏的毛，上部及花序枝上的毛稍多或较多。中部茎叶卵形或椭圆状卵形，羽状半裂。基部截形或稍心形或宽楔形。两面同色，淡绿色。头状花序在茎枝顶端排成疏松的伞房圆锥花序或少数在茎顶排成伞房花序；总苞片约5层，外层卵形，中层卵形，内层长椭圆形；全部苞片边缘膜质，顶端钝或圆；舌状花黄色，顶端全缘或2~3齿。瘦果长约1.2毫米。花期6~11月。

图255 野菊

【分布区】分布于沁河流域各县区。

【生境】生长于林下、林缘处、灌丛及山谷湿地中。

【用途】叶、花及全草可入药，具有清热解毒、明目、疏风散热、散瘀、降血压的功效，主治肝炎、痢疾、高血压、痈疖疔疮等，还可防治流行性脑脊髓膜炎、感冒等。

【植物文化】

晚艳出荒篱，冷香著秋水。

忆向山中见，伴蛩石壁里。

——王建《甘菊》

紫菀（菊科 Compositae 紫菀属 *Aster*）（图256）

【别名】青牛舌头花 山白菜

【学名】*Aster tataricus* L.f.

【形态特征】多年生草本。根状茎斜升。茎直立，粗壮。基部叶在花期枯落，长圆状或椭圆状匙形，下半部渐狭成长柄。下部叶匙状长圆形，

图256a 紫菀

图256b 紫菀

常较小；中部叶长圆形。叶厚纸质，上面被短糙毛。头状花序多数，在茎和枝端排列成复伞房状；舌片蓝紫色。瘦果倒卵状长圆形，紫褐色。花期7~9月；果期8~10月。

【分布区】广布于沁河流域各县区。

【生境】生长于阴坡湿地、草地及沼泽地上。

【用途】可作为观花植物；根入药，具有润肺、化痰、止咳的功效。

三脉紫菀（菊科 Compositae 紫菀属 *Aster*）（图257）

【学名】*Aster ageratoides* Turcz.

【形态特征】多年生草本。根状茎粗壮。茎直立，高可达1米。下部叶在花期枯落，叶片宽卵圆形；中部叶椭圆形或长圆状披针形；上部叶渐小，有浅齿或全缘，全部叶纸质。头状花序排列成伞房或圆锥伞房状；总苞片3层，线状长圆形；舌状花十余个，舌片线状长圆形，紫色、浅红色或白色，管状花黄色；冠毛浅红褐色。瘦果倒卵状长圆形，灰褐色，被短粗毛。花果期7~12月。

【分布区】分布于沁水县郑庄镇、苏庄乡，阳城县润城镇、白桑乡、东冶镇，武陟县小董乡、西陶镇、大虹桥乡等地。

图257 三脉紫菀

图258 菊芋

【生境】生长于林下、林缘处、灌丛及山谷湿地中。

【用途】全草入药，有利尿、止血、清热解毒、祛痰止咳的功效。

菊芋 (菊科 Compositae 向日葵属 *Helianthus*)（图258）

【别名】五星草 洋羌

【学名】*Helianthus tuberosus* L.

【形态特征】多年生草本。高可达3米。茎直立，有分枝，被短毛。叶对生，有叶柄，但上部叶互生，下部叶卵圆形。头状花序较大，单生于枝端，有1~2个线状披针形的苞叶，直立；总苞片多层，披针形；托片长圆形；舌状花通常12~20个，舌片黄色，开展，长椭圆形；管状花花冠黄色。瘦果小，楔形，上端有2~4个有毛的锥状扁芒。花期8~9月。

【分布区】分布于沁水县郑庄镇、苏庄乡，泽州县李寨乡、南岭乡、山河镇，沁阳市紫陵镇等地。

【生境】废墟、宅边、路旁都可生长。

【用途】可作为观花植物；块茎形为生姜，可制咸菜或酱菜，也可作饲料；叶为优良的饲料，也可制菊糖，用于治疗糖尿病；块茎及茎叶可入药，具有清热凉血、利尿、消肿的功效。

【植物文化】菊芋被联合国粮农组织官员称为“21世纪人畜共用作物”。我国市场上的“双歧因子”等医药保健品，均以菊芋为原料。

苦荬菜（菊科 Compositae 苦荬菜属 *Ixeris*）（图259）

【别名】多头苦荬菜

【学名】*Ixeris polycephala* Cass.

【形态特征】一年生草本。根垂直，直伸。茎直立，高可达0.8米，无毛。基生叶花期生存，线形基部渐狭成长柄；中下部茎叶披针形或线形，基部箭头状半抱茎；全部叶两面无毛，边缘全缘。头状花序在茎枝顶端排成伞房状花序，花序梗细；总苞圆柱状，果期扩大成卵球形；总苞片3层，外层及最外层极小，卵形，内层卵状披针形，外面近顶端有鸡冠状突起；舌状小花黄色。瘦果压扁，褐色，长椭圆形，无毛，喙细，细丝状。冠毛白色，白色，纤细，微糙。花果期3~6月。

图259a 苦荬菜

图259b 苦荬菜

【分布区】分布于沁水县端氏镇、嘉峰镇、苏庄乡，泽州县李寨乡等地。

【生境】生长于林缘处、灌丛中或路旁。

【用途】全株可作饲料，也可入药，具清热解毒、止血生机、去腐化脓的功效，主治疔疮、牙痛、吐血、痢疾、胸腹痛、子宫出血等症。

中华小苦荬（菊科 Compositae 小苦荬属 *Ixeridium*）（图260）

【别名】山苦荬

【学名】*Ixeridium chinense* (Thunb.) Tzvel.

【形态特征】多年生草本。高可达0.4米。根直伸。根状茎极短缩。茎直立，上部伞房花序状分枝。基生叶长椭圆形或舌形，全缘，长三角形或线形。茎生叶长披针形，边缘全缘，顶端渐狭，基部扩大；全部叶两面无毛。头状花序通常在茎枝顶端排成伞房花序；总苞圆柱状；总苞片3~4层，外层及最外层宽卵形，内层长椭圆状倒披针形；舌状小花黄色，干时带红色。瘦果褐色，长椭圆形，顶端急尖成细喙，喙细丝状。冠毛白色。花果期1~10月。

图260 中华小苦荬

【分布区】分布于沁河流域各县区。

【生境】生长于山坡路旁、田野中。

【用途】全株可作饲料。

抱茎小苦荬（菊科 Compositae小苦荬属 Ixeridium）（图261）

【别名】抱茎苦荬菜

【学名】*Ixeridium sonchifolium* (Maxim.) Shih

【形态特征】多年生草本。高可达0.6米。根垂直直伸。根状茎极短。茎单生，直立，上部伞房花序状分枝。基生叶莲座状，匙形或长椭圆形；中下部茎叶长椭圆形或披针形；上部茎叶及接花序分枝处的叶心状披针形；叶两面均无毛。头状花序多数，在茎枝顶端排成伞房花序；总苞圆柱形；总苞片3层，外层及最外层短，卵形；内层长披针形；舌状小花黄色。瘦果黑色，纺锤形。冠毛白色。花果期3~5月。

【分布区】分布于沁河流域各县区。

【生境】生长于山坡或路旁。

【用途】全草入药，具有凉血、活血的功效。

图261 抱茎小苦荬

图262 还阳参

还阳参（菊科 Compositae 还阳参属 *Crepis*）（图262）

【学名】*Crepis rigescens* Diels

【形态特征】多年生草本。高可达0.6米。根木质。茎直立，近基部圆柱状，基部木质。基部茎叶极小，线钻形；中部茎叶线形，质地坚硬，边缘全缘，反卷。头状花序直立，在茎枝顶端排成伞房状花序；总苞圆柱状至钟状；总苞片4层，外层及最外层小，线形，内层及最内层椭圆状披针形，边缘白色膜质；全部总苞片外面被毛；舌状小花黄色，花冠管外面无毛。瘦果纺锤形，黑褐色，向顶端收窄，顶端无喙，肋上被稀疏的小刺毛。冠毛白色，微粗糙。花果期4~7月。

【分布区】分布于沁源县交口镇、沁河镇、中峪乡，沁水县郑庄镇、苏庄乡，阳城县白桑乡、东冶镇，武陟县西陶镇等地。

【生境】生长于林缘处、荒地、路旁。

【用途】全草药用，可以益气血、健脾胃、补肾，主治宫冷不孕、神经衰弱、头晕耳鸣、消化不良等。

牛膝菊（菊科 Compositae 牛膝菊属 *Galinsoga*）（图263）

【别名】珍珠草 向阳花

【学名】*Galinsoga parviflora* Cav.

【形态特征】一年生草本。高可达0.8米。茎纤细，分枝斜升，茎基部和中部花期脱毛或稀毛。叶对生，长椭圆状卵形，基部圆形，顶端渐尖或钝，基出三脉；向上及花序下部的叶渐小，披针形，有时全缘或近全缘。头状花序半球形，在茎枝顶端排成疏松的伞房花序；总苞半球形或宽钟状；总苞片1~2层，外层短，内层卵形或卵圆形，顶端圆钝，白色，膜质；舌片白色，顶端3齿裂，筒部细管状；管状花花冠黄色。瘦果，黑色或黑褐色，被白色微毛。舌状花冠毛毛状。花果期7~10月。

【分布区】分布于沁水县端氏镇、郑庄镇，阳城县白桑乡、

图263 牛膝菊

东冶镇、润城镇，武陟县小董乡、西陶镇、城关等地。

【生境】生长于河谷、田间、灌丛中或溪边。

【用途】具有较高的观赏价值；全草入药，有止血、消炎的功效，主治外伤出血、咽喉炎、急性黄疸型肝炎、扁桃体炎等症状；花入药，可以养肝明目，主治夜盲症、眼疾等；嫩茎叶可食，可作火锅、汤等的用料。

花葱（花葱科 Polemoniaceae 花葱属 *Polemonium*）（图264）

【别名】鱼翅菜　电灯花

【学名】*Polemonium coeruleum* L.

【形态特征】多年生草本。根匍匐，圆柱状。茎直立。羽状复叶互生，小叶披针形。聚伞圆锥花序顶生或上部叶腋生；花冠紫蓝色，钟状。蒴果卵形。种子褐色，纺锤形，种皮具有膨胀性的粘液细胞，干后膜质似种子有翅。

图264 花葱

【分布区】分布于沁水县郑庄镇、苏庄乡，沁阳市紫陵镇，武陟县大虹桥乡、木城镇等地。

【生境】生长于山谷疏林下、山坡灌丛中。

【用途】全草入药，有祛痰、止血、镇静的功效。

蝎子草（荨麻科 Urticaceae 蝎子草属 *Girardinia*）（图265）

【别名】蜂麻

【学名】*Girardinia suborbiculata* C. J. Chen

【形态特征】一年生草本。茎高可达1米。叶膜质，宽卵形，基部近圆形，基出3脉；叶柄疏生刺毛；托叶披针形。花雌雄同株，雌花序单个或雌雄花序成对生于叶腋；雄花序穗状；雌花序短穗状；花被片4深裂卵形；退化雌蕊杯状。瘦果宽卵形，双凸透镜状，熟时灰褐色。花期7~9月，果期9~11月。

【分布区】分布于阳城县润城镇、东冶镇，泽州县山河镇、南岭乡，武陟县小董乡、大虹桥乡等地。

【生境】生于沟边或林下潮湿处。

【用途】可作为地被植物；全草入药，具有止血、利湿、止痛的功效。

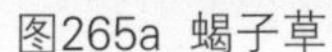
图265a 蝎子草

图265b 蝎子草

绶草（兰科 Orchidaceae 绶草属 *Spiranthes*）（图266）

【别名】盘龙参 扭劲草

【学名】*Spiranthes sinensis* (Pers.) Ames

【形态特征】多年生草本。根指状，肉质。茎较短。叶片宽线形。总状花序具多数密生的花，呈螺旋状扭转；花苞片卵状披针形；花小，紫红色、粉红色或白色，在花序轴上呈螺旋状排生；花瓣斜菱状长圆形。花期7~8月。

【分布区】分布于沁阳市紫陵镇、安泽县和川镇、冀氏镇、马壁乡、府城镇，沁源县交口镇、沁河镇等地。

【生境】生于河滩沼泽草甸中。

【用途】可作为观花植物；全草入药，具有清热凉血、消炎止痛、止血的功效。

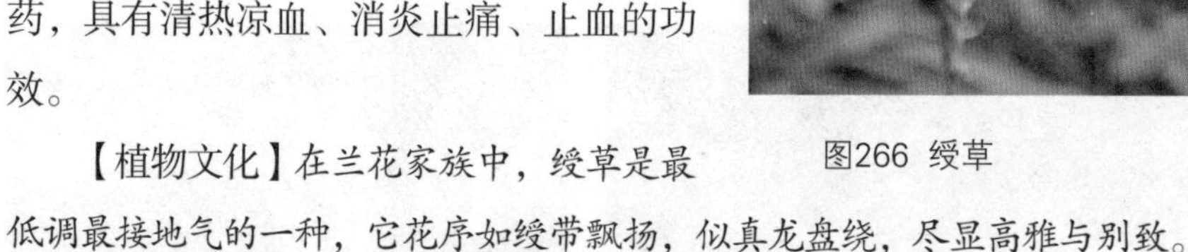

图266 绶草

【植物文化】在兰花家族中，绶草是最低调最接地气的一种，它花序如绶带飘扬，似真龙盘绕，尽显高雅与别致。

二叶舌唇兰（兰科 Orchidaceae 舌唇兰属 *Platanthera*）（图267）

【学名】*Platanthera chlorantha* Cust. ex Rchb.

【形态特征】多年生草本。块茎卵状纺锤形，肉质。茎直立，近基部具2枚彼此紧靠、近对生的大叶，叶片椭圆形。总状花序具多数花；花苞片披针形；花绿白色或白色；花瓣直立，偏斜。花期6~8月。

【分布区】沁源县交口镇、沁河镇、中峪乡，沁水县郑庄镇、苏庄乡、端氏镇、嘉峰镇等地有分布。

【生境】生于山坡林下或草丛中。

【用途】块茎入药，主治肺痨咯血、吐血等。

【保护级别】国家二级重点保护野生植物；近危 NT 几近符合易危 VU A2c。

【植物文化】古往今来，“四君子”——“梅、兰、竹、菊”分别以“傲、幽、坚、淡”为人称颂，而兰花作为我国最古老的花卉之一，向来以高洁、清雅、幽然而著称，于是兰花逐渐成为贤人志士的寄托，兰花文化便由此形成。

孤兰生幽园，众草共芜没。
虽照阳春晖，复悲高秋月。
飞霜早淅沥，绿艳恐休歇。
若无清风吹，香气为谁发。

——唐·李白《古风》

图267a 二叶舌唇兰

图267b 二叶舌唇兰

五、藤本植物

1. 木质藤本

忍冬（忍冬科 Caprifoliaceae 忍冬属 *Lonicera*）（图268）

【别名】金银花

【学名】*Lonicera japonica* Thunb.

【形态特征】半常绿藤本。幼枝洁红褐色，密被黄褐色柔毛。叶纸质，卵形至矩圆状卵形，上面深绿色，下面淡绿色。总花梗通常单生于小枝上部叶腋；苞片大，叶状，卵形；花冠白色，有时基部向阳面呈微红，后变黄色，唇形；雄蕊和花柱均高出花冠。果实圆形，熟时蓝黑色。种子卵圆形或椭圆形，褐色。花期4~6月，果期10~11月。

【分布区】分布于沁源县沁河镇、交口镇，安泽县马壁乡、和川镇、府城镇，沁水县苏庄乡、端氏镇，阳城县润城镇等地。

【生境】生长于山地灌丛或疏林中。

【用途】花，味甘，性寒，具有清热解毒、祛暑明目、消炎退肿的功效，主治咽喉肿痛、上呼吸道感染、细菌性痢疾及各种化脓性疾病。

【植物文化】

一蒂两花，新旧相参，黄白相映，故称作“金银花”。

——李时珍《本草纲目》

金银花的花语是“真挚的爱”。在民间，相传着这样一个爱情故事，有个书生与一富家小姐一见钟情。一天，他们在散步之时，偶然发现有一种花，成对开放，芳香四溢，便指花为盟，私订终生。但姑娘的

图268a 忍冬

图268b 忍冬

父母因嫌弃书生家境贫寒，坚决不同意这门亲事。从此，书生发奋苦读，最终考中了状元，有情人终成眷属。这种花就是金银花，也称为“鸳鸯花”。

天地细蕴夏日长
金银两宝结鸳鸯
山盟不以风霜改
处处同心岁岁香

络石（夹竹桃科 Apocynaceae 络石属 *Trachelospermum*）（图269）

【学名】*Trachelospermum jasminoides* (Lindl.) Lem.

【形态特征】常绿木质藤本。长可达10米，具乳汁。茎赤褐色，圆柱形；小枝被黄色柔毛。叶革质，椭圆形；叶面中脉微凹，侧脉扁平。二歧聚伞花序腋生或顶生；花白色，芳香；花萼5深裂，裂片线状披针形，顶部反卷；花冠筒圆筒形，中部膨大。蓇葖双生，叉开，无毛，线状披针形；种子多颗，褐色，线形。花期3~7月，果期7~12月。

【分布区】分布于阳城县润城镇、东冶镇、北留镇，泽州县泽州县李寨乡、南岭乡，沁阳市紫陵镇等地。

图269 络石

【生境】生长于路边、溪边或杂木林中。

【用途】根、茎、叶、果均可入药，主治跌打损伤、关节炎、产后腹痛等；茎皮可造纸；花可提取“络石浸膏”。

狗枣猕猴桃（猕猴桃科 Actinidiaceae 猕猴桃属 *Actinidia*）（图270）

【学名】*Actinidia kolomikta* (Maxim. & Rupr.) Maxim.

【形态特征】落叶木质藤本。小枝紫褐色。叶膜质，阔卵形、长方卵形至长方倒卵形。聚伞花序，雄性的有花3朵，雌性的通常1花单生；花白色或粉红色，芳香；花瓣5枚；花药黄色。果柱状长圆形、卵形或球形，未熟时暗绿色，成熟时淡橘红色，并有深色的纵纹。花期5~7月，果期9~10月。

【分布区】分布于阳城县润城镇、白桑乡、东冶镇、北留镇，泽州县李寨乡、南岭乡、山河镇，沁阳市紫陵镇等地。

【生境】生长于山地杂木林中。

【用途】果实，味酸甜，具有嫩肤护肤的功效，故狗枣猕猴桃被称为“青春果”和“皮肤果”。果实还可作药用，具有清热、利尿、散瘀、健胃、催乳等功效。

图270a 狗枣猕猴桃

图270b 狗枣猕猴桃

五味子（木兰科 Magnoliaceae 五味子属 *Schisandra*）（图271）

【学名】*Schisandra chinensis* (Turcz.) Baill.

【形态特征】落叶木质藤本。幼枝红褐色，老枝灰褐色，片状剥落。叶膜质，宽椭圆形或卵形。雄花花被片粉白色或粉红色，长圆形或椭圆状长圆形；雌花花被片和雄花相似，雌蕊群近卵圆形。浆果红色，近球形或倒卵圆形。种子1~2粒，肾形，淡褐色，光滑，种脐明显凹入成“U”形。

图271a 五味子

图271b 五味子

花期5~7月，果期7~10月。

【分布区】分布于沁水县郑庄镇、苏庄乡、端氏镇，阳城县白桑乡、东冶镇、北留镇，泽州县李寨乡、南岭乡、山河镇等地。

【生境】生长于沁河流域的沟谷或溪旁。

【用途】据相关部门检测，果实含有五味子素、维生素C、树脂、鞣质及少量糖类，泡水喝，具有保护肝脏、止泻止汗、敛肺止咳、滋补涩精、美容养颜、提高免疫力的功效；叶、果实均可提取芳香油；种仁含有脂肪油，可作工业原料或润滑油；茎皮可作绳索。

【植物文化】唐《新修本草》中记载“五味皮肉甘酸，核中辛苦，都有咸味”，故有五味子之名。五味子可分为“北五味子”和“南五味子”二种，其中，前者指的是本书中所讲的五味子，品质优良；后者指的是华中五味子，品质较次。

2015年8月，中国科学院昆明植物研究所孙汉董院士及其研究团队，首次发现五味子衍生物中具有强抗艾滋病毒的活性，该物质有望成为新型的抗艾滋病药物。

三叶木通（木通科 Lardizabalaceae 木通属 *Akebia*）（图272）

【别名】八月瓜

【学名】*Akebia trifoliata* (Thunb.) Koidz.

图272a 三叶木通

图272b 三叶木通

【形态特征】落叶木质藤本。茎皮灰褐色。掌状复叶互生；叶柄直。小叶3片，纸质，卵形至阔卵形，具小凸尖，基部截平，边缘具波状齿，上面深绿色，下面浅绿色；侧脉每边5~6条。总状花序自短枝上簇生叶中抽出；总花梗纤细；雄花萼片3片，淡紫色，阔椭圆形；雄蕊6枚，排列为杯状；雌花萼片3片，紫褐色，近圆形。果长圆形，直或稍弯，成熟时灰白略带淡紫色。种子扁卵形，种皮红褐色。花期4~5月，果期7~8月。

【分布区】分布于沁水县苏庄乡、嘉峰镇，阳城县东冶镇、北留镇，泽州县李寨乡、南岭乡等地。

【生境】生长于沟谷、灌丛中。

【用途】果肉富含蛋白质、脂肪、有机酸、维生素、钙、磷、铁等，可鲜食、酿酒、制饮料等，也可作药用，具有和胃顺气、生津止渴、抗癌的功效；果皮，味苦，具有疏肝理气、散淤消结的功效；根入药，主治咳嗽、月经不调；种子可榨油。

炮仗花（紫葳科 Bignoniaceae 炮仗藤属 *Pyrostegia*）（图273）

【学名】*Pyrostegia venusta* (Ker-Gawl.) Miers

【形态特征】落叶木质藤本。具有3叉丝状卷须。叶对生。小叶2~3片，卵形，基部近圆形，全缘。圆锥花序着生于侧枝的顶端，下垂；花萼钟状；花冠筒状，橙红色，长椭圆形；花开放后反折，边缘被白色短柔

图273a 炮仗花

图273b 炮仗花

毛。雄蕊着生于花冠筒中部。果瓣革质，舟状。种子具翅，薄膜质。花期可长达半年。

【分布区】分布于阳城县白桑乡、北留镇，泽州县山河镇、李寨乡，武陟县小董乡、西陶镇等地。

【生境】多栽植于庭院。

【用途】可作花架、花棚，也可作盆景。

【植物文化】炮仗花原产于巴西，引种我国已有一百多年的历史。一串串橙红色的花形如鞭炮，故得名为炮仗花。盛花期，如烟花绽放、喜气洋洋，象征着红红火火、富贵吉祥。

紫藤（豆科 Leguminosae 紫藤属 *Wisteria*）（图274）

【学名】*Wisteria sinensis* (Sims) Sweet.

【形态特征】落叶木质藤本。茎左旋，枝较粗壮。奇数羽状复叶。小叶3~6对，纸质，卵状椭圆形。总状花序发自去年短枝的腋芽或顶芽；花序轴被白色柔毛；花萼杯状；花冠紫色，旗瓣圆形；花开后反折。荚果倒披针形，密被绒毛。种子褐色，圆形。花期4~5月，果期5~8月。

图274a 紫藤

图274b 紫藤

【分布区】分布于沁水县苏庄乡、端氏镇、郑庄镇，阳城县白桑乡、润城镇、东冶镇，泽州县南岭乡、山河镇等地。

【生境】公园、庭院中多有栽培。

【用途】为重要的观花植物；花可食；茎叶、根、种子可作药用，具有止痛、祛风、通络等功效。

【植物文化】传说，有一位美丽的姑娘一天晚上做梦，梦到红衣月老告诉她，来年春季在后山的小树林里，她会遇到她的真命天子。姑娘醒来后，感觉梦犹如现实一般，于是她左盼右盼，等到春暖花开之时，满心欢喜地来到了后山小树林。直到天黑，真命天子还是没有出现，姑娘失望伤心极了，一不小心被草丛里的蛇咬伤了脚踝，就在这时她的真命天子出现了，随后两人爱上了彼此，但遭到双方父母的反对，最终两人跳崖殉情。最终小伙化作一棵大树，姑娘化作一棵紫藤，树藤相依相拥，藤花紫色，美丽动人，于是紫藤的花语为“执着的爱”。

当然，人们在称赞紫藤美丽的同时，也有人，如唐代诗人白居易，却认为紫藤攀附于树木，吸收其精华，就如小人，攀附于权贵。

藤花紫蒙茸，藤叶青扶疏。
谁谓好颜色，而为害有余。
下如蛇屈盘，上若绳萦纡。
可怜中间树，束缚成枯株。
柔蔓不自胜，袅袅挂空虚。
岂知缠树木，千夫力不如。
先柔后为害，有似谀佞徒。
附著君权势，君迷不肯诛。
又如妖妇人，绸缪蛊其夫。
奇邪坏人室，夫惑不能除。
寄言邦与家，所慎在其初。
毫末不早辨，滋蔓信难图。
愿以藤为诫，铭之于座隅。

——唐·白居易《紫藤》

南蛇藤（卫矛科 Celastraceae 南蛇藤属 *Celastrus*）（图275）

【学名】*Celastrus orbiculatus* Thunb.

【形态特征】落叶木质藤本。小枝光滑无毛，灰棕色。叶阔倒卵形，

图275a 南蛇藤

图275b 南蛇藤

先端圆阔，具有小尖头，基部阔楔形，边缘具锯齿。聚伞花序腋生，间有顶生，小花1~3朵；雄花萼片钝三角形；花瓣倒卵椭圆形；花盘浅杯状。蒴果近球状；种子椭圆状，稍扁，赤褐色。花期5~6月，果期7~10月。

图275c 南蛇藤

【分布区】沁源县交口镇、沁河镇、中峪乡，沁水县郑庄镇、端氏镇等地有分布。

【生境】生于山坡灌丛或松栎林中。

【用途】根、叶入药，主治跌打损伤、关节炎等；果入药，主治神经衰弱、失眠、健忘等。

2. 草质藤本

蝙蝠葛（防己科 Menispermaceae 蝙蝠葛属 *Menispermum*）（图276）

【学名】*Menispermum dauricum* DC.

【形态特征】草质藤本。根状茎褐色，直立。叶纸质，心状扁圆形，基部心形至近截平，两面无毛，下面有白粉。掌状脉，在背面凸起。叶柄有条纹。圆锥花序单生，雌雄异株，花数朵，密集；雄花萼片膜质，绿黄色，倒披针形至倒卵状椭圆形，花瓣6~8枚，肉质。核果紫黑色。花期6~7月，果期8~9月。

【分布区】分布于沁河流域各县区。

【生境】生长于路旁灌丛、林缘或疏林中。

【用途】是优良的观叶观花植物；根和茎，味苦，有剧毒，但可作药用，主治牙龈肿痛、咳嗽、急性咽喉炎、扁桃体炎、肺炎、支气管炎、风

图276a 蝙蝠葛

图276b 蝙蝠葛

湿痹痛、胃痛腹胀、水肿、脚气、痢疾肠炎等。

短尾铁线莲（毛茛科 Ranunculaceae 铁线莲属 *Clematis*）（图277）

【学名】*Clematis brevicaudata* DC.

【形态特征】草质藤本。枝有棱。一至二回羽状复叶或二回三出复叶。小叶片长卵形、卵形或披针形，两面近无毛或疏生短柔毛。圆锥状聚伞花序腋生或顶生，常比叶短；萼片4片，白色，狭倒卵形。瘦果卵形，密生柔毛。花期7~9月，果期9~10月。

【分布区】分布于阳城县东冶镇、北留镇、白桑乡，泽州县李寨乡、南岭乡，沁阳市紫陵镇等地。

【生境】生长于沁河流域的山地灌丛中。

【用途】根茎作药用，有清热、利尿、通乳、消食、通便等功效，主治尿道感染、尿频、乳汁不通、大便秘结、口舌生疮等。

【植物文化】短尾铁线莲如何找到它的“贵人”？

你知道吗？人的发展，需要贵人的相助，当然，植物也一样。短尾铁线莲想要让自己长得更高大，除了自己的努力之外，也需要找到帮扶自己的“贵人”。它不通过茎，也不通过卷须，而是利用自己的叶柄努力地寻找着“贵人”——攀援物，一旦找到，复叶便开始弯曲、缠绕，牢固地、富有弹性地固定住自己的茎，从而使自己得以稳稳地向上生长。

图277 短尾铁线莲

葛（豆科 Leguminosae 葛属 *Pueraria*）（图278）

【别名】葛藤

【学名】*Pueraria lobata* (Willd.) Ohwi

【形态特征】草质藤本。全株被黄色长硬毛，具粗厚的块状根。羽状复叶，具3小叶；小托叶线状披针形；小叶三裂。总状花序；小苞片卵形；花2~3朵聚生于花序轴的节上；花萼钟形；花冠紫色，旗瓣倒卵形。荚果长椭圆形，扁平，被褐色长硬毛。花期9~10月，果期11~12月。

【分布区】分布于阳城县白桑乡、东冶镇，泽州县南岭乡、山河镇，沁阳市紫陵镇等地。

【生境】生于山地疏林中。

图278a 葛

图278b 葛

【用途】是一种良好的水土保持植物；根可药用，具有清热、止泻的功效；茎皮可作造纸原料。

野大豆（豆科 Leguminosae 大豆属 *Glycine*）（图279）

【学名】*Glycine soja* Sieb. et Zucc.

【形态特征】一年生缠绕草质藤本。茎、小枝纤细，全体被褐色长硬毛。叶具3小叶；托叶卵状披针形，急尖，被黄色柔毛。顶生小叶卵圆形，基部近圆形，全缘。总状花序；花小；花梗密生黄色长硬毛；苞片披针形；花萼钟状，密生长毛，三角状披针形；花冠淡红紫色或白色，旗瓣近圆形。荚果长圆形，稍弯，密被长硬毛，种子间稍缢缩，干时易裂；种子椭圆形，褐色至黑色。花期7~8月，果期8~10月。

图279 野大豆

【分布区】分布于沁源县交口镇、沁河镇、中峪乡，安泽县和川镇、府城镇、冀氏镇，沁水县郑庄镇、苏庄乡，阳城县白桑乡等地。

【生境】生于河边、沟边或潮湿的灌丛中。

【用途】种子可食，也可榨油及药用，作药用，具有利尿、平肝敛汗的功效；茎叶可作饲料。

【保护级别】国家二级重点保护野生植物；渐危，国家三级珍稀濒危保护野生植物。

萝藦（萝藦科 Asclepiadaceae 萝藦属 *Metaplexis*）（图280）

【别名】白环藤 羊婆奶

【学名】*Metaplexis japonica* (Thunb.) Makino

【形态特征】多年生草质藤本。具乳汁。茎圆柱状，下部木质化，上部较柔韧，表面淡绿色。叶膜质，卵状心形，叶面绿色，叶背粉绿色。总状式聚伞花序腋生或腋外生，具长总花梗；花蕾圆锥状；花萼裂片披针形；花冠白色，有淡紫红色斑纹，近辐状。蓇葖叉生，纺锤形，平滑无毛。种子扁平，卵圆形。花期7~8月，果期9~12月。

图280 萝藦

【分布区】分布于沁河流域各县区。

【生境】生长于林边荒地、山脚、路旁灌木丛中。

【用途】果实可食，味微甜；根入药，主治白带、乳汁不足、体质虚弱、阳痿、小儿疳积等；果壳入药，主治痰喘咳嗽、百日咳等；茎皮可造人造棉；根、茎有毒；乳汁可除瘊子。

何首乌（蓼科 Polygonaceae 何首乌属 *Fallopia*）（图281）

【学名】*Fallopia multiflora* (Thunb.) Harald.

【形态特征】多年生草质藤本。块根长椭圆形，黑褐色。茎缠绕，具纵棱，无毛。叶卵形或长卵形，基部心形或近心形，两面粗糙，边缘全缘；托叶鞘膜质。花序圆锥状，顶生或腋生；苞片三角状卵形；花被5深裂，白色或淡绿色，花被片椭圆形；雄蕊8枚，花丝下部较宽；花柱短。瘦果卵形，黑褐色，有光泽。花期8~9月，果期9~10月。

【分布区】分布于阳城县白桑乡、北留镇，泽州县李寨乡、南岭乡、山河镇，沁阳市紫陵镇，武陟县小董乡、西陶镇等地。

【生境】生长于灌木丛中或山坡林下。

【用途】块根入药，具有补肝肾、益精血、强筋骨、乌发、安神等功效。

【植物文化】何首乌者，顺州南和县人。祖名能嗣，父名延秀。能嗣本名田儿，生而孱弱，年五十八，无妻子，常慕道术，随师在山。一日，醉卧山野，忽见有藤两株，相去三尺余，苗蔓相交，久而方解，解而又交。田

图281a 何首乌

图281b 何首乌

儿惊讶其异，至旦遂掘其根归。问诸人，无识者。后有山老忽来。示之。答曰："子既无嗣，其藤乃异，此恐是神之药，何不服之？"遂杵为末，空心酒服一钱。七日而思人道，数月身体强健，因此常服，又加至二钱。经年旧疾皆痊，发乌容少。十年之内，即生数男，乃改名能嗣。后与子延秀服，皆寿百六十岁。延秀生首乌。首乌服后，亦生数子，年百三十岁，发犹黑。有李安其者，与首乌乡里亲善，窃得方服，其寿亦长。遂叙其事而传之云。

—— 李时珍《本草纲目》

田旋花（旋花科 Convolvulaceae 旋花属 *Convolvulus*）（图282）

【别名】中国旋花 箭叶旋花 扶田秧

【学名】*Convolvulus arvensis* L.

【形态特征】多年生草质藤本。根状茎横走，茎平卧或缠绕。叶卵状长圆形至披针形，先端钝或具小短尖头，叶柄较叶片短，叶脉羽状，基部掌状。花序腋生，1~3朵花或多花；花柄比花萼长得多；花冠宽漏斗形，白色或粉红色。蒴果卵状球形或圆锥形。种子4粒，卵圆形，无毛，暗褐色或黑色。

【分布区】广布于沁河流域各县区。

【生境】生长于沁河周边的耕地及荒坡草地上。

【用途】可作为饲用植物；全草入药，具有调经活血、滋阴补虚的功效；花入药，具有祛风止痒的功效。

图282a 田旋花

图282b 田旋花

打碗花（旋花科 Convolvulaceae 打碗花属 *Calystegia*）（图283）

【别名】打碗碗花 兔耳草 旋花苦蔓

【学名】*Calystegia hederacea* Wall.ex.Roxb.

【形态特征】多年生草质藤本植物。全体不被毛，植株矮小。根细长，白色。茎细，平卧，有细棱。基部叶片长圆形，顶端圆，基部戟形，上部叶片3裂，叶基部心形。花腋生，1朵；花冠淡紫色或淡红色，钟状。蒴果卵球形。种子黑褐色，表面有小疣。花期7~9月，果期8~10月。

图283 打碗花

【分布区】广布于沁河流域各县区。

【生境】为荒地、路旁、农田常见杂草。

【用途】可作观花植物；全草入药，具有止痛、调经活血、健脾益气、利尿的功效；根入药，主治月经不调；花入药，主治牙痛，也可食用，如可作打碗花蛋羹。

圆叶牵牛（旋花科 Convolvulaceae 牵牛属 *Pharbitis*）（图284）

【别名】喇叭花 牵牛花

【学名】*Pharbitis purpurea* (L.) Voisgt

【形态特征】一年生缠绕草质藤本。叶圆心形，基部圆，心形，顶端锐尖、骤尖或渐尖，通常全缘。花腋生，单一或2~5朵着生于花序梗顶端成伞形聚伞花序；苞片线形；萼片渐尖；花冠漏斗状，紫红色、红色或白色，花冠管白色；雄蕊与花柱内藏；花盘环状。蒴果近球形，3瓣裂。种子卵状三棱形，黑褐色。花期5~10月，果期8~11月。

图284a 圆叶牵牛

图284b 圆叶牵牛

【分布区】广布于沁河流域各县区。

【生境】生于荒地、路旁、农田或宅旁。

【用途】可作花架；种子入药，主治水肿、尿闭等。

金灯藤（旋花科 Convolvulaceae 菟丝子属 *Cuscuta*）（图285）

【别名】日本菟丝子 大菟丝子 金灯笼

【学名】*Cuscuta japonica* Choisy

【形态特征】一年生寄生缠绕草质藤本。茎较粗壮，肉质，黄色，常带紫红色瘤状斑点，多分枝，无叶。花无柄，形成穗状花序；花萼碗状，

图285a 金灯藤

图285b 金灯藤

肉质；花冠钟状，淡红色或绿白色。蒴果卵圆形，近基部周裂。种子光滑，褐色。花期8月，果期9月。

【分布区】分布于沁河流域各县区。

【生境】多寄生于灌木上。

【用途】种子入药，能够补肝肾、养血、润燥。

葎草（桑科 Moraceae 葎草属 *Humulus*）（图286）

【别名】拉拉藤 勒草

【学名】*Humulus scandens* (Lour.) Merr.

【形态特征】草质藤本。茎、枝、叶柄均具倒钩刺。叶纸质，肾状五角形，基部心脏形，表面粗糙。雄花小，黄绿色，圆锥花序；雌花序球果状，苞片纸质，三角形。瘦果成熟时露出苞片外。花期5~7月，果期8~10月。

【分布区】广布于沁河流域各县区。

【生境】生长在荒地、沟边、田边。

【用途】茎叶可作药用，主治小便不利、痢疾、肾盂肾炎、急性肾炎、感冒发热、膀胱炎、泌尿系结石等；茎纤维可用于造纸；种子可作肥皂。此外，还可作水土保持植物。

图286 葎草

【植物文化】要小心哦！

葎草是秋季花粉症的致敏植物之一，对花粉过敏以及具有敏感性皮肤的人要远离盛花期的葎草，而且也不要用皮肤直接去碰葎草，小心引起红肿。

此草茎有细刺，善勒人肤，故名勒草，讹为葎草。

——李时珍《本草纲目·草七·葎草》

北马兜铃（马兜铃科 Aristolochiaceae 马兜铃属 *Aristolochia*）（图287）

【别名】马斗铃 天仙藤

【学名】*Aristolochia contorta* Bunge

【形态特征】草质藤本。茎无毛，干后有纵槽纹。叶纸质，卵状心形或三角状心形，无毛，上面绿色，下面浅绿色。总状花序生于叶腋；花序梗和花序轴极短或近无；小苞片卵形，花被绿色花药长圆形。蒴果宽倒卵形或椭圆状倒卵形。种子三角状心形，灰褐色，扁平，具小疣点，浅褐色膜质翅。花期5~7月，果期8~10月。

【分布区】分布于沁源县交口镇、沁河镇、中峪乡，沁水县郑庄镇、苏庄乡、端氏镇，安泽县和川镇、马壁乡等地。

【生境】生长在山坡灌丛及沟谷中。

【用途】果实入药，有清热降气、止咳平喘的功效；茎叶入药，有强筋骨、驱风湿、消肿的功效；根入药，有行气止痛、消肿解毒、降压等的功效。

图287a 北马兜铃

图287b 北马兜铃

穿龙薯蓣（薯蓣科 Dioscoreaceae 薯蓣属 *Dioscorea*）（图288）

【别名】穿山龙 山常山

【学名】*Dioscorea nipponica* Makino

【形态特征】缠绕草质藤本。根状茎横生，圆柱形，多分枝。茎左旋。单叶互生，叶片掌状心形，变化较大。花雌雄异株；雄花序为腋生的穗状花序；花被碟形；雌花序穗状，单生。蒴果成熟后枯黄色，三棱形，顶端凹入，基部近圆形。种子四周有不等的薄膜状翅，上方呈长方形。花期6~8月，果期8~10月。

【分布区】分布于沁河流域各县区。

【生境】生于河谷两侧的山坡灌木丛中、稀疏杂木林下及林缘处。

【用途】可作为山坡绿化植物；根状茎含淀粉，可做食品或酿酒，还可以入药，有舒筋活血、祛风止痛的功效。

图288a 穿龙薯蓣

图288b 穿龙薯蓣

六、蕨类植物

节节草（木贼科 木贼属 *Equisetum*）（图289）

【学名】*Equisetum ramosissimum* Desf.

【形态特征】多年生草本。根茎直立，横走或斜升，黑棕色。枝绿色，主枝多在下部分枝，常形成簇生状。侧枝较硬，圆柱状。孢子囊穗短棒状，顶端有小尖突。

【分布区】分布于沁河流域各县区。

【生境】生长于河边、溪边或潮湿的田野中。

【用途】作药用，主治尿道炎、跌打损伤、肠出血等症。

图289 节节草

七、藻类植物

图290 普生轮藻

普生轮藻（轮藻科 Characeae 轮藻属*Chara*）（图290）

【学名】*Chara vulgaris* L.

【形态特征】植株有钙质沉积。茎或小枝多具皮层。小枝不分叉。茎节上具有1~2轮托叶。雌雄同株。

【分布区】分布于沁源县沁河镇、中峪乡，沁水县苏庄乡、端氏镇、嘉峰镇，阳城县润城镇、白桑乡，武陟县小董乡、西陶镇等地。

【生境】生于水中或河边。

图291a 水绵

图291b　水绵

【用途】可作鱼类饲料。

水绵（水绵科 Zygnemataceae 水绵属 *Spirogyra*）（图291）

【学名】*Spirogyra* spp.

【形态特征】真核多细胞藻类。水绵是水绵属绿藻的总称，因体内含有1~16条带状、螺旋形的叶绿体，所以呈现绿色。据相关统计，世界上大概有400多种水绵，宽度为10~100μm，长度可达数厘米。

【分布区】沁河流域各县区有分布。

【生境】生于河流、沟渠中。

【用途】全株入药，具有清热解毒的功效。

主要参考文献

1.中国植物志编辑委员会. 中国植物志[M]. 北京:科学出版社, 1963~2004.

2.上官铁梁, 马子清, 谢树莲. 山西省珍稀濒危保护植物[M]. 北京:中国科学技术出版社, 1998.

3.王荷生. 华北植物区系地理[M]. 北京:科学出版社, 1997.

4.吴征镒等. 中国种子植物区系地理[M]. 北京:科学出版社, 2011.

5.李时珍. 2009. 新编本草纲目（白话精译）[M]. 北京:北京科学技术出版社.

6.郭东罡, 上官铁梁等. 山西灵空山自然保护区科学考察集[M]. 北京:中国科学技术出版社, 2013.

7.郭东罡等. 山西植被志・针叶林卷[M]. 北京:科学技术出版社, 2014.

中文名索引（按首字母排序）

拉丁名索引（按英文首字母排序）

A

B

C

D